CATALOGUE

DES

PLANTES VASCULAIRES.

CATALOGUE

DES

PLANTES VASCULAIRES

DU DÉPARTEMENT DE LA VIENNE

PAR

J. POIRAULT

Pharmacien de 1re classe, professeur d'Histoire naturelle médicale
à l'École de Médecine et de Pharmacie de Poitiers,
directeur du Jardin Botanique.

***

POITIERS

TYPOGRAPHIE DE HENRI OUDIN

4, RUE DE L'ÉPERON, 4.

1875

INTRODUCTION.

Depuis longtemps, les personnes qui s'intéressent, dans notre région, au progrès de la Botanique, exprimaient le regret que la *Flore de la Vienne*, publiée en 1842, par M. Delastre, ouvrage d'ailleurs épuisé en librairie, n'eût pas été remaniée, complétée et enrichie des nombreuses découvertes faites depuis cette époque. En attendant que cet important travail ait pu être entrepris, nous avons cru qu'un simple catalogue, contenant, à côté des espèces signalées par M. Delastre, le résultat des études et des explorations nouvelles, pourrait présenter quelque intérêt et surtout quelque utilité. C'est ce modeste travail que nous présentons aujourd'hui au public. Profondément convaincu de l'importance d'une science nécessaire à quelques-uns, utile à un très-grand nombre et attrayante pour tous, nous n'avons rien négligé pour que ce travail pût prendre place, sans déshonneur, à la suite du précieux et remarquable ouvrage dont il doit être le complément. A celui qui ne saurait prétendre égaler les services rendus par ses prédécesseurs, il appartient peut-être de compléter les monuments qu'il eût été impuissant à construire, et de prendre les intérêts d'une gloire qu'il ne lui est pas permis de partager.

Grâce aux savants travaux de M. de Longuemar, le département de la Vienne est un de ceux dont la géologie a été le mieux étudiée. Cette géologie est d'ailleurs fort intéressante, moins par la richesse fossilifère des terrains, que par leur variété, qui provient, en grande partie, de la situation géographique de la contrée. L'emplacement actuel de Poitiers occupait autrefois le centre du détroit qui séparait les terres fermes de la Bretagne et de la Vendée de la grande île du plateau central de la France, et qui faisait communiquer le bassin anglo-parisien avec celui de l'Aquitaine, vers le commencement de la période secondaire. L'îlot granitique de Ligugé formait un écueil sous-marin au milieu du détroit. Pendant l'époque jurassique, un exhaussement du sol porta au-dessus des eaux le fond de ce détroit, et la communication entre les deux mers fut à jamais interceptée. Le plateau central se trouva définitivement réuni au massif vendéen par un isthme qui s'élargit de plus en plus, par suite de la longue durée du mouvement ascendant. Il en résulta que les rivages de la mer anglo-parisienne et ceux de la mer du sud-ouest s'éloignèrent progressivement l'un de l'autre, laissant au nord et au sud de l'isthme les traces de leurs emplacements successifs.

Cette courte exposition explique toute la géologie de la Vienne. Le département occupe le détroit même dont il est question : touchant à peine, du côté de l'Ouest, l'ancien rivage granitique de la Vendée, mais empiétant, du côté de l'Est, sur celui de la grande terre du plateau central. Le granit ne se rencontre donc que dans cette dernière direction, sur l'extrême frontière du département, entre Availles et la Trimouille, puis à Ligugé, où il constitue l'îlot susmentionné.

Le reste de la contrée est occupé par le terrain jurassique et par le terrain crétacé, fréquemment recouverts par des sables et des argiles tertiaires et par des traînées plus ou moins puissantes d'alluvions anciennes, qui emplissent le fond des vallées.

Tous les étages inférieurs du terrain jurassique existent dans le département. Le lias et ses diverses subdivisions (sauf le calcaire à gryphées, qui fait défaut) n'affleurent que dans le fond des vallées de la Charente, du Clain, de la Vienne, de la Gartempe et de leurs affluents, mais seulement au sud de Poitiers. Il a été mis à nu par les érosions qui ont creusé ces vallées, et enlevé les assises du calcaire oolithique qui le recouvraient. Dans le département le lias est essentiellement marneux.

L'étage de l'oolithe inférieure, si bien caractérisé par les rognons siliceux qu'il renferme à divers niveaux, est constitué par un calcaire dur et compacte. Il forme une bande transversale, c'est-à-dire orientée de l'Est à l'Ouest, qui s'étend de Chiré à Poitiers, Chauvigny et Saint-Savin, du côté du Nord, et de Rouillé à Epanvilliers et Civray du côté du Sud. Çà et là affleurent des lambeaux de la grande oolithe, également calcaires. L'espace intermédiaire constitue l'isthme exondé par le premier soulèvement du fond du détroit de Poitiers. Et comme ce soulèvement a duré fort longtemps, tous les étages supérieurs consistent en deux bandes également transversales, l'une, celle du Nord, appartenant au bassin anglo-parisien; l'autre, celle du Sud, faisaut partie du bassin de l'Aquitaine.

Dans ce dernier bassin affleure seulement l'étage callovien, qui n'occupe que le territoire des communes de l'extrême Sud-Ouest. Néanmoins les groupes jurassiques supérieurs et la plupart de ceux du terrain crétacé se succèdent fort régulièrement du côté du Sud-Ouest, en formant des bandes littorales, toutes plus ou moins parallèles aux rivages du bassin. Mais comme elles se trouvent dans la Charente et les départements voisins, nous n'avons plus à nous en occuper ; et notre attention se portera désormais sur les parties du rivage méridional du bassin anglo-parisien situées dans la Vienne.

De ce côté, l'étage callovien, limité au Sud par l'oolithe inférieure, s'étend, du côté du Nord, de Cherves à Maillé, Cissé, Chasseneuil, Lavoux et Saint-Martial, formant une zone large seulement de quelques kilomètres, et qui disparaît sous le terrain tertiaire, pour se montrer à Nalliers et à Béthines, sur les confins du département de l'Indre. Cette bande remonte à l'Ouest sur les limites des Deux-Sèvres, en constituant plusieurs affleurements discontinus, dont le plus septentrional touche le Maine-et-Loire. L'étage callovien consiste en un calcaire assez tendre et à pâte fine ; il fournit une excellente pierre de sculpture.

Plus large et plus irrégulière dans ses contours, la bande oxfordienne est à peu près limitée, à l'Ouest du Clain, par la vallée de La Briande jusqu'à Angliers ; par la partie supérieure de la vallée de Sauves : puis par la vallée de la Pallu. Il affleure, à l'Est du Clain, de Saint-Georges à Bellefonds, et disparaît à son tour sous le revêtement tertiaire, pour ressortir à l'Est de la Bussière, sur nos extrêmes limites. Une faille a mis au jour ce terrain au Nord-Est de Loudun, près des confins de l'Indre-et-Loire. Je ne parle que pour mémoire de l'étage corallien, dont on rencontre quelques lambeaux au Nord de la bande oxfordienne, par exemple à Bonneuil-Matours, Maillé et Angles. L'étage oxfordien est entièrement calcaire, et fournit des matériaux plus résistants, plus durs peut-être que les calcaires calloviens, mais généralement friables. Le corallien est également calcaire.

Les étages jurassiques supérieurs font défaut, le terrain crétacé se rencontrant partout sur les limites septentrionales de la bande oxfordienne et des affleurements coralliens. Mais comme ils existent ailleurs au pourtour du bassin anglo-parisien, on doit en conclure qu'un affaissement du sol a fait empiéter la mer crétacée sur ces étages. Les choses se présentent autrement dans le bassin de l'Aquitaine, où existent tous les horizons jurassiques.

Le terrain crétacé, qui occupe la lisière Nord-Est du département, est représenté par l'étage cénomanien et par l'étage turonien, qui formaient sans doute autrefois des bandes transversales grossièrement parallèles aux bandes jurassiques, et indiquaient, à peu de chose près, les emplacements des anciens rivages. Mais ces deux étages, qui consistent en grès sablonneux et en calcaires tendres, friables et même pulvérulents, ont été profondément découpés et festonnés par les érosions diluviennes : de sorte que leurs affleurements présentent une telle irrégularité, que nous ne saurions en indiquer les contours sans sortir des limites qui nous sont tracées.

Le terrain tertiaire marin est représenté par les faluns de

la Touraine. Ce sont des sables quartzeux à peu près purs, quelquefois cimentés en grès, et qui n'occupent qu'une surface de quelques hectares au Sud de Mirebeau. Dans le reste du département, ce terrain est d'eau douce. Il consiste alors en argiles compactes ou mêlées de sables, et en calcaires avec meulières, et forme une large bande à peu près dirigée du Nord au Sud, limitée à l'Ouest par le cours inférieur de la Vienne, par le Clain et par la Bouleure, et à l'Est par la Gartempe. Des affleurements assez importants des mêmes terrains se remarquent encore à l'Ouest de Poitiers et à l'Est de Montmorillon.

Le terrain quaternaire est représenté par un diluvium composé de sables et de galets quartzeux et de blocs granitiques provenant du plateau central. Il recouvre çà et là les terrains précédemment énumérés, surtout à l'Est du Clain et de la Vienne ; mais il prend de l'importance, autant par la surface de ses affleurements que par leur épaisseur et par le volume des matériaux, à mesure qu'on se rapproche de la région granitique du Limousin. Il se relie, sur les versants des vallées, au diluvium et aux alluvions qui en occupent le fond. Les limons rouges avec minerai de fer, qui se rencontrent au Sud-Ouest du département, au delà de la Vonne et du Clain, et qui sont désignés sur la carte de M. de Longuemar sous le nom de terres à châtaigniers, sont également rattachés à la formation tertiaire par ce géologue.

Mentionnons enfin, à Champagné-Saint-Hilaire, un affleurement très-limité d'eurite porphyroïde, qui a soulevé quelque peu les étages du lias.

Le département de la Vienne doit à sa situation géographique et à sa configuration géologique une végétation des plus variées. La Flore est en général celle de l'Ouest de la France. Mais bien des éléments étrangers viennent s'adjoindre chez nous à cette flore et enrichir notre domaine. Au Nord-Est, par la vallée de la Vienne se répandent chez nous les richesses botaniques du fertile bassin de la Loire. Le *Diplo-*

taxis tenuifolia, le *Lupinus reticulatus*, le *Symphytum tubero-sum*, l'*Euphorbia Esula*, le *Cirsium spurium*, plusieurs espèces de Menthes et de Cypéracées, etc., etc.

Au Sud-Est, la lisière du plateau central nous met en présence d'une végétation inconnue dans le reste du département, et nous offre des échantillons très-nombreux et très-intéressants de la flore des terrains primitifs. Le *Corydalis claviculata*, le *Digitalis purpurea*, le *Lilium Martagon*, le *Wahlenbergia hederacea*, des *Scirpus*, des *Carex* nombreux, des Fougères, plusieurs sortes de *Chara*, etc.

Au Sud et au Centre croissent un assez grand nombre de plantes qui n'appartiennent qu'aux régions méridionales. Le *Malva nicœensis*, le *Bupleurum aristatum*, le *Scolymus hispanicus*, le *Tolpis umbellata*, l'*Andryala integrifolia*, les *Serapias cordigera* et *Lingua*, l'*Adiantum Capillus-Veneris*, l'*Astragalus Monspessulanus*, le *Phillyrea media*, le *Rœmeria hybrida*, l'*Hypecoum pendulum*, l'*Isatis tinctoria*, l'*Arenaria controversa*. l'*Althœa cannabina*, l'*Acer Monspessulanum*, le *Spirœa obovata*, l'*Ecballium elaterium*, le *Ranunculus gramineus*, le *Bifora testiculata*, le *Delphinium cardiopetalum*, les *Linum strictum et corymbulosum*, le *Xeranthemum cylindraceum*, le *Cyclamen neapolitanum*, le *Quercus Ilex*, l'*Inula montana*, l'*Ononis striata*. l'*Androsœmum officinale*, l'*Androsace maxima*, le *Coronilla scorpioides*, l'*Alyssum montanum*, le *Centaurea montana*, le *Brunella hys-opifolia*, etc., etc.

On trouve même plusieurs plantes de la région maritime et de l'Est croissant spontanément sur notre sol : le *Juncus maritimus*, le *Trifolium maritimum*, le *Sonchus maritimus*, l'*Orobus albus*, l'*Ornithopus roseus*, le *Viola lancifolia*, l'*Alopecurus bulbosus*, le *Polypogon monspeliense*, le *Medicago striata*, le *Scirpus Holoschœnus*, l'*Avena barbata*, l'*Isoetes Hystrix*, etc.

Notre département est un de ceux dont les richesses botaniques ont été recherchées, étudiées et classées avec le plus de soin. Les premiers documents connus concernant la Flore de cette région remontent à 1628. C'est cette date que nous trouvons inscrite sur un ouvrage ayant pour titre :

*Œuvres de Jacques et Paul Contant père et fils, maîtres apoti-
caires de la ville de Poictiers ;* et pour second titre : *Les Divers
Exercices de Jacques et Paul Contant père et fils, etc.*

Les exercices de Jacques et Paul Contant sont en effet des
plus divers. On trouve de toutes choses dans ce beau volume
in-4°, orné de nombreuses gravures en taille douce. C'est
d'abord un commentaire très-volumineux et infiniment dé-
taillé sur Dioscoride, puis un *Synopsis plantarum indigenarum
et exoticarum cum variis et illarum nominibus et ethymologiis,*
puis deux poëmes en beaux alexandrins, monuments élevés
à la gloire de la Botanique, où viennent figurer tour à tour
toutes les plantes utiles ou nuisibles.

> « Les mortels Aconits, les Napels, les Anthores
> « Et la froide Ciguë et les chauds Ellébores ; »

La châtaigne ,

> « Nourissière agréable, et qui, au Limosin
> « Disetteux, sert de blé, de farine et de pain » ;

La noisette ,

> « ..... petite au goût délicieux,
> « Honneur de Genebrie ou l'effort gracieux
> « Des dames de Poictiers, suivant leurs humeurs belles,
> « Quittent souvent pour lui Saint-Benoît et Crostelle,
> « Et de Passe-Lourdain les costeaux boscagers
> « Sont laissés pour aller sous les feuillus coudriers. »

On voit que Jacques et Paul Contant savent sacrifier aux
grâces. Ce sont du reste des lettrés raffinés. Leur commentaire sur Dioscoride est émaillé de plusieurs centaines de
citations des meilleurs poëtes latins. A propos de chaque
plante, Ovide, Martial, Lucain, Horace, Virgile, viennent dé-
poser en langage harmonieux sur les vertus ou les charmes
des végétaux, en sorte que le commentaire sur Dioscoride,

grâce à l'érudition de nos poétiques apothicaires, devient une véritable anthologie dans tous les sens du mot.

Ajoutez à cela que Jacques et Paul Contant savent du grec autant qu'homme de France. Comme introduction à chaque ouvrage, on trouve, selon la mode du temps, une foule de madrigaux ou épigrammes dans toutes les langues et principalement dans celle d'Anacréon. C'est là que s'exerce l'élégant badinage des auteurs ou de leurs admirateurs fort nombreux. On ne s'étonnera point non plus d'apprendre, puisque nous sommes en 1628, que nos auteurs jouent sur leur heureux nom le plus agréablement du monde, et que la devise : « *Du don de Dieu je suis contant* » se trouve, dans leur ouvrage, répétée, commentée, agrémentée et diversifiée, en vers et en prose, de mille ingénieuses façons.

Tel est le plus ancien et non le moins curieux des travaux botaniques, concernant notre département, qui soit parvenu à notre connaissance.

Mais les études botaniques ne prennent dans notre région un véritable essor qu'à l'arrivée de M. Denesle (1787). Ce savant avait consacré, depuis sa première jeunesse, aux études botaniques, une intelligence vive, une remarquable aptitude au travail et une ardeur infatigable qui ne se démentit jamais. Elève distingué de Rouelle, Macker, de Jussieu et Daubenton, il avait complété ses brillantes études par de longs et fructueux voyages en Normandie, en Flandre et en Allemagne. Après de longs travaux et de brillants succès, il accepta avec dévouement la position modeste de directeur du jardin botanique de Poitiers. Nous verrons plus loin les vicissitudes que devait éprouver, de son vivant même, le jardin créé par lui.

Denesle traversa la tourmente révolutionnaire en cherchant dans ses calmes études et ses paisibles enseignements l'isolement et la sécurité. Aussi peut-on lire dans les journaux du temps :

« Le citoyen Denesle ouvrira son cours public et gratuit « d'éléments de botanique, le mardi 5 mars 1793, à dix heures

« précises du matin, en son amphithéâtre rue Saint-Pierre
« l'Hospitalier, et continuera les jeudi et samedi de chaque
« semaine. »

Lors de l'organisation des écoles centrales, sortes d'académies d'enseignement supérieur, en 1795, le jury chargé de la nomination des professeurs nomma à l'unanimité Denesle professeur d'histoire naturelle à l'école centrale de la Vienne. Les herborisations nombreuses faites par lui en compagnie d'un grand nombre d'élèves, les conseils dont il éclaira et encouragea ses studieux disciples firent accomplir à la science un soudain et rapide progrès dont le cours ne devait plus être interrompu.

Ce travailleur infatigable, à la fois inventeur et vulgarisateur, a laissé un vocabulaire des termes techniques les plus usités en botanique, accompagnés de leurs étymologies (25 volumes in-8º de 48 pages); un travail sur le jardin botanique de Poitiers où sont décrits les caractères des différentes espèces de plantes qui y figuraient; enfin un immense herbier, fruit de ses nombreuses excursions scientifiques. Il avait songé à publier un *Botanicon pictaviense* sur le plan de celui de Vaillant. Pendant plusieurs années il avait réuni de nombreux matériaux pour cet ouvrage, qui devait comprendre l'indication de toutes les plantes des environs de Poitiers dans un rayon de quatre lieues. Ces notes ont malheureusement disparu. L'ouvrage de M. Delastre nous permet aujourd'hui de moins en regretter la perte.

Après lui (1817) son élève M. Desvaux continua sa tâche, secondé par d'intelligents collaborateurs.

Les richesses botaniques du département de la Vienne étaient désormais assez connues pour être classées et décrites dans un ordre rationnel et méthodique. C'est le service que nous a rendu M. Delastre, élève distingué de Denesle, en nous donnant un travail presque complet, classé, dès son apparition, parmi les meilleurs ouvrages de science locale que nous possédions. Après lui, de laborieux investigateurs ont continué sa tâche en s'inspirant de ses précieuses indications comme de son illustre exemple.

Ce sont d'abord MM. Tulasne frères, dont les noms sont si connus dans la science ; M. Faye, auteur d'une intéressante monographie des Graminées ; M. Letourneux, actuellement président du tribunal de Fontenay ; puis le savant et judicieux abbé Delacroix, dont le souvenir est si cher aux botanistes de notre contrée ; MM. les abbés Chaboisseau et Guyon, élèves immédiats de l'abbé Delacroix ; M. Deloynes, ancien agrégé à la Faculté de droit de Poitiers . aujourd'hui professeur de droit à Bordeaux ; M. J. Richard, procureur de la République à Marennes ; M. Guitteau, professeur à l'Ecole de médecine et de pharmacie de Poitiers ; M. Contejean, professeur à la Faculté des sciences de Poitiers ; M. le baron de Contes ; et M. de Boisgrollier, qui ont tous apporté à la science leur contingent précieux d'observations exactes et de notions nouvelles.

Bien que cet ordre d'idées nous éloigne un instant du sujet de cet ouvrage, nous ne voulons point passer sous silence les importants travaux de botanique cryptogamique qui se sont imposés, depuis quelques années surtout, à l'attention des botanistes du département. M. l'abbé Delacroix avait ouvert la voie. Livré pendant de longues années à l'étude de toutes les branches de la cryptogamie avec les ressources d'une sagacité patiente et d'une longue expérience, il nous a laissé une collection précieuse de ces curieux végétaux, dans laquelle sont consignées de nombreuses et savantes observations. Nous retrouvons encore ici M. l'abbé Chaboisseau, qui s'est mis au premier rang des botanistes français, et qui a étudié pendant longtemps les mousses de la Vienne. Nous regrettons que ce trop modeste savant, éloigné aujourd'hui de notre département, ne nous ait pas fait connaître les résultats de ses études bryologiques au milieu de nous.

Il y a quelques années, M. J. Richard donna à l'étude des lichens dans nos contrées une vive impulsion. M. le Dr Weddell, de l'Institut, lui a fait faire, de son côté, de notables progrès. Deux opuscules de lui ont déjà vu le jour : l'un sur les lichens de la promenade publique de Blossac (1), l'autre sur ceux du massif granitique de Ligugé (2). Sous son habile et bienveillante direction, M. le Dr Constantin et moi, nous nous sommes livrés aussi depuis quelque temps à l'étude de ces intéressants végétaux ; chaque jour, dans la mesure de nos forces, nous contribuons à réunir les matériaux d'une Lichénographie du Poitou. Encore quelques années, et nous espérons que notre maître croira son œuvre et la nôtre assez complète pour entreprendre une publication dont on comprend l'importance.

Il nous reste à parler du jardin botanique et des herbiers publics.

Une première fois le jardin botanique fut établi, au nom du roi, en 1621, dans un terrain situé près du couvent des Carmélites (aujourd'hui le grand-séminaire). Au bout de trente années, les Religieuses, gênées de ce voisinage, et se plaignant que du jardin la vue s'étendît sur leur habitation, demandèrent et obtinrent d'éloigner d'elles ce jardin en achetant le terrain. Du produit de cette vente la ville acquit un coteau situé hors des murs, près de la porte de Tison. Ce fut la nouvelle résidence de la botanique régionale. Ce jardin fut sans doute assez négligé. Le peu de renseignements que nous possédons sur son compte nous le montrent en fort mauvais état vers 1784, et abandonné en 1787. C'est à cette époque que se place l'arrivée de l'illustre Denesle dans notre pays. Il appartenait au savant et vaillant botaniste de ressus-

---

(1) Revue des Lichens du jardin public de Blossac. Extrait des mémoires de la Société nationale des sciences naturelles de Cherbourg. Tome XVII, 1873.

(2) Les Lichens du massif granitique de Ligugé au point de vue de la théorie minéralogique. Extrait du Bulletin de la Société botanique de France, tome XX.

citer notre jardin des plantes. L'intendant Boula de Nanteuil l'en nomma directeur, ce qui voulait dire créateur ; et le courageux naturaliste installa le nouveau jardin dans un terrain aujourd'hui complétement bâti, qui s'étendait de la rue de la Tranchée à la rue des Capucins. Grâce à l'habile direction de Denesle, ce jardin était devenu, en 1804, un des plus remarquables de France. De nouvelles nécessités municipales le bouleversèrent, et Denesle fut obligé de le transporter dans l'ancien couvent des Pénitentes, rue Corne-de-Bouc. Il n'y était pas depuis cinq années qu'un décret impérial remit l'ancien couvent des Pénitentes à la disposition du clergé. Exilé pour la quatrième fois, le jardin fut transféré sur un terrain situé à Chasseigne, dans le voisinage de l'hospice. Cinq années encore, et le 25 avril 1824 la municipalité poitevine invite les professeurs de l'École de médecine à enlever les plantes de ce terrain, pour le mettre à la disposition des entrepreneurs chargés de bâtir la caserne de Montierneuf. Ce fut le dernier contre-temps qu'eut à essuyer Denesle, sinon le jardin botanique. Le courageux et malheureux directeur mourut en 1819, laissant le jardin aux mains de son successeur, M. Desvaux.

Le jardin avait été alors transporté à l'extrémité Est du pont Saint-Cyprien, dans les terrains de la pépinière départementale. Il y resta jusqu'en 1868, époque à laquelle on crut devoir le déplacer encore pour le transférer près de cette caserne de Montierneuf dont la construction lui avait jadis été fatale. Espérons que là doit s'arrêter sa fâcheuse odyssée. La science gagne aux voyages, mais non pas à ceux des jardins botaniques.

Quelques mots enfin sur les richesses botaniques que renferme le Musée de Poitiers. Peu de villes en possèdent d'aussi considérables. On y trouve plusieurs herbiers d'une grande importance.

I. L'herbier de Delastre : 18 cartons contenant plus de

1500 échantillons d'espèces ou variétés préparées avec un soin remarquable.

II. Un herbier des plantes de Crimée, offert par M. de La Guéronnière, lieutenant de vaisseau : 12 cartons.

III. Une collection de mousses du département, composée par l'abbé Delacroix.

IV. 280 algues maritimes de l'Ouest , préparées par M. Lloyd.

V. Un herbier général désigné sous le nom d'herbier De-nesle et contenant : 1º La belle collection de ce botaniste, enrichie de rares et curieuses espèces offertes par de Jussieu, Thouin et Desfontaines, ses professeurs ou ses amis : 3237 plantes exotiques ou indigènes — 2º L'herbier de Jean Por-chaire Garand, curé de Couhé, composé en Souabe et aux environs de Constance jusqu'à la source du Danube, en 1797 et 1798, et continué aux environs de Poitiers en l'an X : 1157 espèces. — 3º L'herbier de Mgr Brumauld de Beauregard, évêque d'Orléans, contenant 396 plantes (mousses et phanéro-games) récoltées en grande partie dans les environs de Londres, de 1794 à 1796. — 4º Deux fascicules de plantes données par M. de La Pylaie et par Mme Cauvin, du Mans, lors du congrès scientifique réuni à Poitiers en 1834, contenant l'un 26, l'autre 33 espèces. — 5º 10 espèces données par M. Vernial, de Civray. — 6º Plusieurs plantes exotiques ou indigènes données par M. Tulasne. — 7º 96 algues de la Charente-Inférieure, préparées avec beaucoup de soin par M. Hubert, pharmacien à La Rochelle. — 8º Enfin 62 espèces offertes par M. Faye, substitut du procureur du roi.

Cet herbier , classé dans l'ordre des familles naturelles, contient en totalité 4054 espèces ou variétés.

On voit quelles ont été dans notre département les études botaniques et quels en sont les résultats. Beaucoup d'efforts consciencieux, mais isolés ; beaucoup d'observations précieuses, mais éparses ; un seul ouvrage d'ensemble, *La Flore de De-lastre*, travail de premier ordre, mais remontant déjà à une époque assez éloignée, et présentant par conséquent d'assez nombreuses lacunes. Nous avons dit que ce qui serait désormais nécessaire, ce serait une nouvelle édition de cette *Flore*, enrichie de toutes les découvertes des botanistes plus modernes que nous avons énumérés. Cette nouvelle édition, M. l'abbé Delacroix avait projeté de nous la donner. Il est mort trop tôt pour mettre son projet à exécution, et nous en sommes réduits à espérer qu'un savant plus heureux nous réserve ce travail devenu indispensable. C'est pour suppléer, d'une manière incomplète, il est vrai, à cette regrettable lacune, que le présent travail a été entrepris. Il comprend, nous l'avons dit, à côté des espèces signalées par Delastre, toutes celles que les recherches modernes ont révélées depuis. Ces dernières, au nombre de 193 et 94 variétés ou sous-variétés, sont désignées par un astérisque. Nous avons suivi scrupuleusement l'ordre adopté par Delastre. Les recherches en seront plus faciles, et le présent ouvrage s'intercalera en quelque sorte sans difficulté dans celui de notre illustre prédécesseur. Nous avons mis tous nos soins à ce que les travaux des botanistes cités plus haut trouvassent ici leur place. L'herbier Delacroix, que nous avons consulté dans son entier, nous a fourni la plus grande partie des découvertes nouvelles consignées dans cet ouvrage. C'est ici qu'il convient de témoigner spécialement notre gratitude à MM. Contejean et Guitteau, botanistes infatigables, dont les renseignements nous ont été des plus utiles, et auxquels nous ne saurions exprimer trop haut notre reconnaissance.

On trouvera, à la fin de ce catalogue, la nomenclature des *Fougères, Marsiléacées, Isoetées, Equisetacées* et *Characées*, qui ne figure point dans la Flore de Delastre.

Nous espérons que cet ouvrage, répondant à un besoin plusieurs fois exprimé par les hommes compétents, nous sera compté au moins comme un acte de bonne volonté et

de dévouement à la science. Ce qu'il faut maintenant hâter
de tous nos efforts, c'est l'apparition de la seconde édition de
la Flore de la Vienne, vers laquelle le présent travail n'est
qu'un acheminement. Dans ce but nous sollicitons tous les
renseignements, toutes les indications utiles, et nous nous
mettons à la disposition de tous ceux qui voudront bien con-
courir à cette œuvre digne de tout intérêt.

CATALOGUE

DES

PLANTES VASCULAIRES

DU

DÉPARTEMENT DE LA VIENNE

DICOTYLÉDONES.

RENONCULACÉES.

Trib. I. *RANUNCULEÆ.*

1. **RANUNCULUS** Hall.

Sect. 1. *EURANUNCULUS.*

R. Lingua L. — Bords des eaux — C.

* **R. gramineus** L. Pelouses sèches et montueuses : forêt de Lussac ! ; La Fouchardière ; Anvaux (Delacroix) ; Verrières (Guitteau)—RR.

R. Flammula L. — Marécages. — CC.

> * var. *reptans* L. — La Guerche ; étang de Combourg. — AR.

R. nodiflorus L. — Bords des mares : Nouaillé. — RR.

R. arvensis L. — Moissons. — CC.

R. parviflorus L. — Bords des murs et des haies. — CC.

R. Phìlonotis Retz. — Champs et lieux humides, La Rouerie ; Croutelle : Le Palais, etc. — C.

R. Chærophyllos L. — Pelouses, champs. — Saint-Benoît ; Croutelle ; Lusignan. — AC.

R. repens L. — Lieux frais. — C.

R. acris L. — Prés et Pelouses. — CC.

> var. *Steveni* Andrz. — Montmorillon ; Civray ; Coteaux de Lussac. — AR.

> * var. *multifidus* DC. — Marécages des bords de la Vienne, près Antran ; Poitiers. — AR.

"

R. sceleratus L. — Marais et eaux stagnantes. — La Cassette ; Vouneuil-s.-Biard ; Vendeuvre ; Coursec ! ; La Pallu. — AR.

R. nemorosus DC. — *R. sylvaticus* Thuill. — Bois couverts : Ligugé ; forêt de Moulière ; Couhé ; Charroux ; Availles ; Montmorillon ; Vaux-en-Couhé; Rouillé (Contejean) . — AR.

R. bulbosus L. — Pics et coteaux. — CC.

R. auricomus L.— Bois, lieux couverts : Ligugé ; Vouneuil-s.-Biard ; forêt de Moulière ; Lusignan ; Coulombiers ! ; Quinçay. — C.

Sect. 2. BATRACHIUM.

R. hederaceus L.—Fontaines et ruisseaux des terrains sablonneux. — Montmorillon ; Pindray (Delacroix). — AR.

* **R. ololeucos**. Lloyd. — *R. Petiveri* Koch. — Lisières des étangs et ruisseaux affluents, mares. — Environs de Montmorillon (Delacroix) ; étang de Beaufour près Moulîmes. — RR.

R. tripartitus DC. — Mares et eaux dormantes. — Nouaillé ; Moulière ; Les Petites-Moulières ; Petits - Genêts ; Montmorillon (Delacroix) ; forêt de Châtellerault et de La Guerche (Delacroix) ; Coulombiers (Contejean). — AR.

R. aquatilis L. — Fossés, eaux stagnantes. — CC.

   var. *Heterophyllus* DC. Rivières. — Saint-Remy (Delacroix).

* **R. tricophyllus** Chaix. — Eaux stagnantes. — Fossés du Clain près Trainebot ; Montmorillon. — AR.

* **R. Drouetii** Schultz. — Mares, ruisseaux. — Le Toufnai (Deloynes) ; Lussac (Chaboisseau) ; — RR.

R. divaricatus Schrank. — Ruisseaux, rivières. — La Boivre ; Le Clain ; La Gartempe ; L'Anglain. — C.

R. fluitans Lam. — Rivières. — Saint-Romain ; Gouex ; Saint-Savin ; L'Essart. — AC.

   *var. *Terrestris* Godr. — Saint-Remy ; parc des Ormes.

2. FICARIA Dill.

F. ranunculoïdes Mœnch. — *Ranunculus Ficaria* L. — Bois et fossés humides. — CC.

   * var. *flore duplici* Chiré (Delacroix).

Trib. II. ANEMONEÆ.

3. ADONIS L.

A. autumnalis L. — Moissons. — Le Cours Saint-Cyprien ; Montbernage, etc. — C.

A. æstivalis L. — Champs pierreux. — Saint-Benoit : Biard ; Larnay. — C.

   var. *flava*. — Mirebeau ; Arçay. — RR.

A. flammea Jacquin. — Champs des terrains calcaires. — Etables ; Cissé ; Smarves ; Saint-Chartres ; Lussac, etc. — AC.

4. MYOSURUS L.

M. minimus L. — Terrains maigres ou argileux humides. — Montamisé ; La Rouerie ; Loudun ; Saint-Romain ; Montmorillon (Delacroix) ; Cenon (Contejean). — AR.

6. THALICTRUM L.

Th. flavum L. — Lieux humides. — Pré du Sanital ; Antran ; Prairies de la Bouleur entre Ceaux et Voulon ; Chiré ; Saint-Romain, etc. — C.

*__Th. lucidum__ L.—*Th. medium* Jacq.—Bois de La Cour ; Chiré.--RR.

*__Th. nitidulum__ Jord.— Buissons humides, marais. — Prairies de La Bouleur près le pont de Sénillé ; Chiré ; Cheneché. — RR.

*__Th. nigricans__ Jacq. — *Th. flavum* Host. — Lieux humides. — Voulon ; Saint-Benoît. — R.

*__Th. Morisonii__ Gmel. *Th. flavum* Sm. — Lieux humides. — Cheneché près de La Pallu (Delacroix). Port-de-Piles (Delacroix). — RR.

Th. minus L. — *Th. montanum* Wallr. — Buissons, coteaux. — Vouillé ; chemin de Messé près Couhé ; Bois de La Bonardelière ; Vallée-au-Lait près Montamisé ; Avanton ; Saint-Sauvant (Contejean). — R.

6. ANEMONE L.

A. nemorosa L. — Bois et prés couverts. — CC.

*__A. hortensis__ L. — (var. *stellata* Lam. — *fulgens* Gr. et God. et *pavonina* DC.) Ces trois variétés sont abondamment naturalisées dans le parc de La Planche, commune d'Andillé.

A. Pulsatilla L. — Landes et taillis sablonneux. — Dissais, forêt de Châtellerault ; Lencloitre ; Guesnes ; La Motte-Champdeniers. — AC.

'**A. montana** Hopp. ? — Pelouses sèches. — Bois de Mondion (Delacroix); Landes de La Gabidière. — AR.

Trib. III. *CLEMATIDEÆ*.

7. CLEMATIS L.

C. Vitalba L. — Haies et buissons. — CC.

Trib. IV. *HELLEBOREÆ*

8. AQUILEGIA L.

A. vulgaris L. — Prés frais et lisières des bois. — Mezeaux ! ; Bois de Saint-Hilaire ; Fontaine-le-Comte ; Cloué ; Lusignan ; Ayron ; Usson ; Charroux ; Civray ; Saulgé ; Saint-Remy-sur-Creuse. — AC.

— 4 —

9. DELPHINIUM L.

D. Consolida L. — Moissons. — C.

D. Ajacis L. — Naturalisé çà et là dans le voisinage des jardins d'où il s'échappe. — Mousseau.

* **D. peregrinum** L. — *D. cardiopetalum* DC. — Moissons des calcaires. — Chizé, Saint-Romain (Delacroix). — R.

10. ACONITUM L.

A. Lycoctonum L. — Bois couverts; La Motte de Croutelle! Moussac-sur-Vienne ; Bords de la Blourde (Delacroix). - RR.

11. HELLEBORUS L.

H. fœtidus L. — Lieux pierreux ; Bords des chemins. — C.

* **H. viridis** L. — Lieux humides, ombragés et pierreux. — Benassais (Sauzé). — RR.

12. ISOPYRUM L.

I. thalictroides L. — Bois frais et couverts. — Vouneuil-sous-Biard ! ; Ligugé ; Croutelle ; Lusignan ; Prunier ; Montmerillon. — AR.

13. NIGELLA L.

N. arvensis L. — Moissons des terrains sablonneux ou calcaires. — CC.

14. CALTHA L.

C. palustris L. — Bords des eaux, prés humides — C.

Trib. V. *PÆONIEÆ*

15. PÆONIA L.

P. corallina Retz. — Les Roches près Quinçay ! ; Bois sur la rive gauche de la Vienne, entre Lussac et Gouex (Litardière). — RR.

—

BERBÉRIDÉES.

1 BERBERIS L.

B. vulgaris L. — Haies, bords des ruisseaux — Saint-Benoit ; entre Vouillé et Traversonne ; Le Vivier ; Bac de Saint-Jacques ; l'Age, près La Trémouille !. RR.

—

RUTACÉES.

1. RUTA L.

R. graveolens L. — Rochers. — La Cagouillère ; Saint-Saturnin ; Pont-Achard ; Colombiers ; Marmande (Contejean). — R.

OXALIDÉES.

1 OXALIS L.

O. acetosella L. — Lieux humides et tourbeux. — Neuchaises près Sanxais, sur nos limites ; Brigueil-le-Chantre (Delacroix). — RR.

*****O. Navieri Jord.** — Lieux sablonneux. — Vallée de la Vienne! ; vallée de la Creuse (Contejean). — Prob..blement descendu du mousin, où il est très-abondant. — AR.

O. stricta L. — Lieux frais. — Brigueil ? Coulonges ? La Mothe-Sainte-Héraye, sur nos limites (Sauzé). — RR.

—

BALSAMINÉES.

1. IMPATIENS L.

I. noli-tangere L. — Lieux humides et couverts. — Ruisseau de Ressant près Valette ; moulin de Joussant, entre Availles et L'Isle-Jourdain ; Saulgé ; Fougeret, commune de Queaux ; Brigueil ; Moulismes ; Voulème ; Vouneuil (Delacroix). — RR.

—

GÉRANIACÉES.

1. GERANIUM L.

G. sanguineum L. — Bois et coteaux calcaires. — Le Porteau : Forêts de Châtellerault, de Lussac ; Civray ; Bois de Thorus (Delastre) ; L'Isle-Jourdain (Chab.). — AR.

G. túberosum L. — Champs et vignes. — Le Cours Saint-Cyprien ; Bacon ; Couture ; Bellefoix ; Neuville ; Vendeuvre. — AR.

*****G. sylvaticum L.** — Prés et bois humides des terrains granitiques. — Vallée de L'Asse près Brigueil (Delastre) ; Montmorillon (Delacroix). — RR.

G. dissectum L. — Champs et lieux secs. — C.

G. colombinum L. — Champs, haies. — C.

G. pusillum L. — Lieux secs, décombres. — C.

G. molle L. — Pieds des murs, bords des champs. — C.

G. rotundifolium L. — Lieux secs, bords des chemins. — CC.

G. lucidum L. — Rocailles et vieux murs. — C.

G. Robertianum L. — Lieux frais, haies et murs. — C.

2. ERODIUM L'Hérit.

E. cicutarium L. — Bords des chemins, terrains sablonneux, pelouses rases. — CC.

   *** var. *prætermissum* Jord.** — Collines, champs, murs. — Vendeuvre ; Lathus (Deloynes). — C.

*var. *triviale* Jord. — Collines herbeuses, bords des chemins.
— Vendeuvre ; Rochereuil, etc. — CC.
*var. *Boræanum* Jord. — Saint-Romain (Delacroix). — AR.
*var. *pilosum* Thuill. — Lieux sablonneux.

—

LINÉES.

1. LINUM L.

L. **strictum** L. — Coteaux arides et calcaires. — Les Dunes de
Poitiers ; La Tranchée ; Biard ; Passe-Lourdain ; Smarves.—AC.

*L. **corymbulosum** Rchb. — *L. strictum* E. Delastre. — Coteaux
secs. — Rochers de Passe-Jourdain ; Smarves ; Ligugé ; Mezeaux. — AC.

L. **gallicum** L. — Champs argileux ou sablonneux. — Croutelle ;
Smarves ; Chantelle ; coteaux des Roches, etc. — AC.

L. **usitatissimum** L. — Cultivé et subspontané.

L. **angustifolium** Huds. —Coteaux et pelouses des bois. — Marvan ;
Flée ; Croutelle ; Gençay ; Dangé ; Vaux ; Saint-Romain ; Saint-
Remy, etc. — AC.

L. **tenuifolium** L. —Pelouses et coteaux pierreux. —Biard ; Roc-à-
Midi; Saint-Benoît ; La Cossonière; coteaux de Leugny, etc. — C.

L. **suffruticosum** L. — *L. salsoloïdes* Lamck. —Coteaux calcaires et
surtout crétacés. — Entre Auxance et Limbre ; Lussac ; Bois
Frémin ; Saint-Sulpice ; Marmande (Delacroix) ; Lourdines ;
Avantôn ; Dangé ; Les Ornées (Contejean). — AC.

L. **catharticum** L. — Prés, bois, pelouses fraiches. — C.

2. RADIOLA Gmel.

R. **linoïdes** Gmel. — *L. Radiola* L. — Landes humides et champs
sablonneux. — Petit-Genest ; Moulière; Bois de Saint-Hilaire ;
La Motte-Champdeniers ; Coulombiers ; Lusignan ; Vendeuvre ;
Montmorillon ; Lathus. — AR.

—

MALVACÉES.

1. MALVA L.

M. **moschata** L. — Prés secs et bords des bois. — Le Petit-
Château ; Croutelle ; Lusignan ; Chiré, etc. — C.

M. **Alcea** L. — Bois, haies, pâturages. — Saint-Benoît ; Andillé ;
Bois de Ligugé ; vallée du Petit-Château, etc. — AC.

*var. *intermedia* Durand Duq.—Haies et bois. — Saint-Benoît;
vallée du Petit-Château. — R.

M. **sylvestris** L. — Champs et lieux incultes. — CC.

M. **rotundifolia** L. — Bords des chemins. — CC.

M. Nicæensis All.— Lieux incultes, bords des chemins.— Gençay ;
Lussac ; Persac ; Châtellerault ; Sauves ; Ouzilly-Vignolles ; La
Berlanderie ; Dangé ; Vaux. — AR.

2. ALTHÆA L.

A. officinalis L. — Marais et bords des eaux. — Saint-Benoît ; La
Pallu ; Chiré, etc. — AC.

A. hirsuta L. — Champs et coteaux calcaires incultes. — Saint-
Benoît ; Roc-à-Midi ; Vaux ; Fléc, etc. — C.

A. cannabina L. — Haies et lieux frais. — Lessart ; Le Tilloux ;
Blaslay ; Dissais ; Lencloître ; Clairvaux ; Baucé ; Chiré ; Cissé ;
Prairies de La Bouleur ; Beaumont. — AR.

TILIACÉES.

1. TILIA L.

T. sylvestris Desf. — *T. microphylla* Willd. ; *T. parvifolia* Ehrh.
— Bois, Plantations.— Bois de Croutelle ; La Cossonière. — AR.

T. platyphylla Scop. — *T. grandifolia* Ehrh. — Planté dans les
parcs et sur les promenades publiques. — CC.

HYPÉRICINÉES

1. ANDROSÆMUM Tourn.

*****A. officinale** L. — *Hypericum Androsæmum* L. — Bois frais et cou-
verts. — Charrais ; Cissé ; Bois de Prun. commune d'Adriers
(Chaboisseau). — RR.

2. HYPERICUM L.

H. tetrapterum Fries. — H. *quadrangulare* Sm. — Bords des eaux.
— Le Clain ; La Boivre, etc. — C.

H. perforatum L. — Bois et lieux incultes. — CC.

H. humifusum L. — Lieux sablonneux. — C.

H. pulchrum L. — Taillis et bruyeres. — CC.

H. linearifolium Vahl. — Rochers granitiques sur les bords de la
Vienne, au-dessus d'Availles-Limousine. — RR.

H. montanum L. — Bois montueux. — Saint-Benoît ; Ligugé ;
Montbeil ; forêt de Châtellerault ; Saulgé ; Bois-de-Vieux ; Vaux.—
AR.

H. hirsutum L. — Taillis et bords des bois. — L'Ermitage ; Saint-
Benoît, Petit-Château ; Bois de Ligugé, etc. — C.

3. **ELODES** Spach.

E. palustris Spach. — *Hypericum Elodes* L. — Marais tourbeux. — Moulière ; forêt de L'Epine ; Bonneuil-Matours ; Thiours ; Adriers ; prés tourbeux entre Availles et L'Isle-Jourdain ; Montmorillon ; Lathus ; Coulombiers (Contejean). — AR.

—

ACÉRINÉES.

1. ACER L.

A. campestre L. — Haies et taillis. — CC.
var. *leiocarpum* Coss. et Germ. — Biard ; Quinçay. — AR.

A. Monspessulanum L. — Haies et coteaux calcaires. — C.

A. platanoïdes L. — Planté dans les avenues, les parcs et les promenades publiques.

A. Pseudo-Platanus L. — Planté dans les bois, les avenues, les parcs et les promenades publiques. — C.

—

HIPPOCASTANÉES.

ÆSCULUS L.

Æ. Hippocastanum L. — Planté dans les parcs et les promenades publiques.

—

AMPELIDÉES.

VITIS L.

V. vinifera L. — Cultivé en grand et dans les jardins. — Souvent naturalisé dans les haies et les bois.

—

POLYGALÉES.

1. POLYGALA L.

P. vulgaris L. — Pelouses, prairies sèches ou humides ; bois, bruyères. — CC.
var. *comosa* Schk. — Env. de Poitiers. — AR.

P. calcarea F. Schultz. — *P. amarella* Coss. et Germ. — Pelouses arides et coteaux calcaires. — Saint-Benoît ; Smarves ; Mauroc ; La Cossonière ; Ligugé ; Croutelle ; Auxance ; Avanton, etc. — AC.

P. depressa Wenderoth. — Landes humides et bois frais. — Croutelle ; Beauregard ; Fontaine-le-Comte ; Adriers ; La Motte-Champdeniers ; Chiré, etc. — C.

NYMPHÉACÉES.

1. NYMPHÆA Tourn.

N. alba L. — Etangs, rivières. — CC.

2. NUPHAR Sbith.

N. luteum. — *Nymphæa lutea* L. — Eaux tranquilles, étangs , rivières. — CC.

—

PAPAVERACÉES.

1. PAPAVER Tourn.

P. Rhœas L. — Moissons. — CC.
P. dubium L.— Moissons des terrains sablonneux ou pierreux, vieux murs. — C.
P. somniferum L. — Cultivé.
P. Argemone L. — Moissons. — C.
P. hybridum L. — Moissons des terrains calcaires. — AC.

2. RŒMERIA Medick.

R. hybrida DC.— *Chelidonium hybridum* L. —Moissons des terrains calcaires. — Etables ; Mavaux ! ; Clairvaux ; Pouançay ; Bellefoix ! ; Vendeuvre ! ; Avanton. — RR.

3. CHELIDONIUM L.

C. majus L. — Vieux murs, décombres, lieux pierreux humides. — CC.

4. HYPECOUM L.

H. pendulum L. — Moissons des terrains calcaires. — Auxances ; Neuville ; Yversay ; Mirebeau ; Lencloître ; Le Bornai ; Arçay ; Vendeuvre ! ; Avanton. — R.

5. GLAUCIUM Tourn.

G. flavum Crantz. — *Chelidonium glaucum* L. — *G. luteum* Scod. — Cimetière de Loudun, où il semble naturalisé.

FUMARIACÉES.

1. CORYDALIS DC.

C. solida Sm.—*C. digitata* Pers.; — *Fumaria bulbosa*, var. *solida* L.
Bois, lieux ombragés. — La Roche près Vouneuil-sous-Biard ;
Port-Seguin ; Gençay ; Bois des Ages ; Montmorillon ; La Varenne! ;
Quinçay. — RR.

C. claviculata DC. — *Fumaria* L. — Terrains granitiques.
— Moulin-Bannaux près Availles-Limousine. — RR.

2. FUMARIA L.

F. capreolata L. — Haies, buissons. murs, lieux cultivés ou vagues.
— Naintré ; Sanxais ; Availles. — RR.

   *var. *Boræi* Jord. — Chiré ; Vaux ; Saint-Romain (Delacroix) ;
      Montmorillon (Chaboisseau) ; Civray.

   *var. *Bastardi* Bor.—*F. confusa* Jord. —Chiré ; Vaux ; Saint-
      Romain ; Montmorillon.

F. officinalis L. — Champs, vignes, jardins, bords des chemins. —CC.
   var. *scandens* Coss et Germ.—*F. media* Loisel. Poitiers, Mont-
      morillon. — AR.

F. densiflora DC. — *F. micrantha* Lagasca. — Lieux cultivés ,
   vignes, bords des chemins. —Plaine de la Folie ; Cissé ; Neuville ; Poitiers ; Cloué ; Sanxais ; Vaux ; Vendeuvre ; Saint-Benoît ;
   Moulin-Apparent. — R.

F. Vaillantii Loisel. — Lieux cultivés, bords des chemins, vieux
   murs.—Saint-Genest ; Lussac; Couture; Poitiers ; Chiré ; Frozes ;
   Saint-Benoît , etc. — AC.

F. parviflora L. — Lieux arides, bords des chemins, vieux murs.
   — Saint-Benoît ; Le Porteau ; Montamisé. — AC.

CRUCIFÈRES.

Subord. I. — *SILIQUOSÆ* Koch.

1. RAPHANUS L.

R. sativus L. — Cultivé.
   var. *vulgaris*.
   var. *niger* Mérat.

R. Raphanistrum L. — Moissons , terrains cultivés, décombres.
   — CC.

2. BRASSICA L.

B. oleracea L. — Cultivé partout et présentant un grand nombre
   de variétés.

var. *acephala* DC.

   — *crispa* DC.

   — *capitata* DC.

   — *caulorapa* DC.

   — *botrytis* DC.

B. Napus L. — Cultivé dans les jardins et dans les champs.

   var. *esculenta* DC.

   — *oleifera* DC.

B. Rapa L. — Cultivé dans les jardins et en plein champ.

   var. *oleifera* DC.

   — *biennis.*

   — *esculenta* DC.

B. nigra Koch. — *Sinapis nigra* L. — *Sinapis incana* Thuil. — Champs sablonneux et lieux humides. – CC.

3. SINAPIS. L.

S. arvensis L. — Champs, moissons, terrains cultivés. — CC.

   var. *orientalis* (*S. orientalis* Murr.).

S. incana L. — *Erucastrum incanum* Koch. — Lieux incultes et pierreux. — Forêt de Châtellerault, sur le bord de la route nationale. Trouvé une seule fois.

S. alba L. — Moissons des terrains calcaires ou argileux. — Environs de La Villedieu. — RR.

4. HESPERIS L.

H. matronalis L. — Lieux ombragés, bois montueux, buissons. — Petit-Cenon ; en face le moulin Jousseau, commune de Millac ; Bonneuil-Matours. — RR.

5. SISYMBRIUM L.

S. officinale Scop. — *Erysimum officinale* L. — Bords des chemins, lieux incultes, décombres. — CC.

S. Sophia L. — Vieux murs et décombres. — Montbernage ; Clan ; Mirebeau ; Châtellerault ; Loudun ; La Grimaudière ; Montmorillon, etc. — AC.

S. Alliaria Scop. — *Erysimum Alliaria* L. — Lieux frais ou ombragés. -- CC.

S. Thalianum J. Gay. — *Arabis Thaliana* L. — Murs et terrains légers. — CC.

6. ERYSIMUM L.

E. cheiranthoides L. — Bords des eaux, fossés, champs humides. — Lencloître. — RR.

E. orientale R. Br. — *Brassica orientalis* L. — Champs pierreux des terrains calcaires ou sablonneux. — Montamisé ; Loudun ; Couture ! Bellefoix ! ; Dangé !. — R.

7. **DIPLOTAXIS** DC.

D. tenuifolia DC. — *Sisymbrium tenuifolium* L. — Bords des rivières. — Châtellerault, en façe la manufacture. — RR.

D. muralis DC. - *Sisymbrium murale* L. — Lieux arides, vieux murs, bords des chemins. — Châtellerault ; Loudun ; Clairvaux ; Lencloitre ; Vendeuvre. — AR.

D. viminea DC. — *Sisymbrium vimineum* L. — Vignes et terrains légers. — CC.

8. **NASTURTIUM** R. Br.

N. officinale R. Br. — *Sisymbrium Nasturtium* L. — Ruisseaux, fontaines, lieux marécageux. — CC.

   *var. *siifolium* Rchb. - Eaux profondes. — Fontaine de Maillé ; Chiré ; Verrières ; Vaux ; Saint-Romain ; Saint-Remy. — AR.

N. asperum Coss. — *Sisymbrium asperum* L. — Lieux inondés en hiver. — Nouaillé ; Nieuil-l'Espoir ; Gizay ; fossés entre Smarves et l'Epinette. — RR.

N. sylvestre R. Br. — *Sisymbrium sylvestre* L. — Bords des eaux et pelouses humides. — Clan ; Moulière ; Bords de la Vienne, à Saint-Romain ; Port-de-Piles. — AC.

   var. *anceps* Rchb. — *Sisymbrium anceps* Whlnbg. — Saulgé ; Montmorillon (Delacroix) ; La Vienne, au-dessus de Châtellerault ; Port-de-Piles. — AC.

N. palustre DC. — *Sisymbrium palustre* Leyss. — Bords des eaux. — La Vienne ; La Creuse ; La Gartempe, à Prunier et à Montmorillon (Delacroix). — RR.

N. pyrenaicum R. Br. — *Sisymbrium pyrenaicum* L. — Pelouses des terrains sablonneux. — Croutelle ; Chaumont ; Lusignan ; Bonneuil-Matours ; La Trimouille ; Persac ; L'Isle-Jourdain ; Availles-Limousine ; Civray ; Montmorillon ; Bords de La Blourde et de La Gartempe ; Coulombiers !. — AC.

N. amphibium R. Br. — *Sisymbrium amphibium* L. — Bords des eaux, fossés, eaux stagnantes, étangs. — CC.

9. **TURRITIS** Dill.

T. glabra L. — *Arabis perfoliata* Lam. — Lieux secs, bois sablonneux. — Lencloitre ; F. de Châtellerault ; Loudun ; Montmorillon. — AR.

10. **BARBAREA** R. Br.

B. vulgaris R. Br. — *Erysimum Barbarea* L. — Lieux frais, bords des eaux. — Saint-Benoît ; Croutelle ; Saint-Romain ; Saint-Remy ; Saulgé. — C.

B. stricta Fries. — *B. parviflora* Fries. —Lieux humides. — Bords de la Vienne ; Vaux, etc. — C.

***B. intermedia** Bor. — Lieux frais ou humides. — Châtellerault ; La Trute ; sables granitiques des bords de La Gartempe (Chaboisseau) ; Moulin de Saulgé ; Montmorillon (Chab.) ; Bords de la Vienne, au Sanital. — R.

B. præcox R. Br. — Lieux frais, fossés. — La Rouerie ; Croutelle ; Mauroc ; St-Benoît ; Port-Séguin ; Saint-Remy ; Montmorillon ; Vaux ; Saulgé. — AR.

11. **CHEIRANTHUS** R. Br.

C. Cheiri L. — Vieux murs. — CC.

12. **ARABIS** L.

A. sagittata DC. — Lieux pierreux, coteaux arides. — Saint-Benoît ; Biard ; Les Ormes, etc. — C.

***A. Gerardi** Besser. — *A. sagittata* DC. *part.* — Prés ; lieux pierreux, coteaux calcaires. — Pont-Achard ; chemin de Biard ; l'Hôpital-des-Champs ; Saint-Remy-sur Creuse (Delacroix) ; Saint-Benoît ; Vaux. — R.

13. **CARDAMINE** L.

C. pratensis L. — Prés humides, bords des eaux. — CC.

***C. dentata** Schultz. — Lieux humides, fossés. — Marais de Chéneché (Guyon) ; forêt de la Guerche (Delacroix).

C. impatiens L. — Lieux ombragés, bords des eaux, chaussées. — Le Clain, à Saint-Benoît ; L'Essart ; Couhé ; La Vienne ; La Blourde : L'Anglain ; Brigueil ; Saulgé ; Moulines ; Voulème ; Vouneuil !. — AR.

C. hirsuta L. — Lieux humides et ombragés. — CC.
    var. *sylvatica* Link. — Bois ombragés et humides. — Bois des Ages ; Saulgé ; L'Isle-Jourdain ; Falaise ; Civray ; Mont--morillon ; Châtellerault ; Ingrandes ; Vaux ; Saint-Remy ; Les Trois-Moulins ; La Barlotière (Deloynes). — R.

14. **DENTARIA** Tourn.

D. bulbifera L. — Bois frais. — Montreuil-Bonnin ; Moulin de La Touche, près Lusignan ! ; bois des Ages. — RR.

Subord. II. *SILICULOSÆ.*

15. **DRABA** L.

D. muralis L. — Lieux pierreux et frais, haies, murs. — Cours Saint-Cyprien ; Saint-Benoît ; Lussac, etc. — C.

D. verna L. — *Erophila vulgaris* DC. — Lieux secs, terrains incultes, pelouses arides, vieux murs. — CC.

M. Jordan a créé les espèces suivantes dérivées du *D. verna.* = *Erophila brachycarpa.* — Sables du Grand-Pont ; Poitiers ; La Grimaudière ; Dangé (Delacroix). — AC. = *E. glabrescens.* — Chemin des Gallois ; Montbernage ; Bois de Pimpaneau ; Saint-Romain. — C. = *E. hirtella.*—Poitiers ; Saint-Romain ; Ligugé. = *E. stenocarpa.* — Chiré ; La Caillauderie ; Saint-Romain ; Montmorillon = *E. majuscula.* — Berges de la Vienne, à Saint-Romain.

16. **LUNARIA** L.

L. biennis Mœnch. — *Lunaria annua* Lam. — Cultivée dans les jardins, d'où on le trouve échappé aux environs de Montmorillon.

17. **ALYSSUM** L.

A. montanum L. — Coteaux arides, terrains sablonneux. — Coteau du Grand-Moulin près Lussac. — RR.

A. calycinum L. - Lieux arides, terrains pierreux ou sablonneux. — CC.

18. **HUTCHINSIA** R. Br.

H. petræa R. Br. — *Lepidium petræum* L. — Rochers, lieux pierreux, collines arides, vieux murs. — Biard ; Chardon-Champ ; Smarves ; Gennebrie ; vallée de La Boivre ! ; Ligugé ; Saint-Benoît. — AR.

19. **LEPIDIUM** L.

L. latifolium L. — Bords des rivières, lieux ombragés. — Saint-Cyprien ; Les Trois-Fontaines ! ; Saint-Remy (Delacroix). — RR.

L. graminifolium L. — Bords des chemins, lieux incultes, pied des murs. — CC.

L. heterophyllum Benth. — L. *Smithii* Hook. — Lieux incultes, bords des fossés, terrains sablonneux. — La Meunière près La Barde ; Bords de La Benaise près La Trimouille ; Bords de La Vienne, entre Availles et L'Isle-Jourdain ; Montmorillon (Chab.) ; La Lande ; Coulombiers (Contejean) ; Lusignan ; Rouillé ; Sanxais ; Lathus ; L'Isle-Jourdain. — AR.

L. campestre R. Br. — *Thlaspi campestre* L. — Coteaux calcaires, fossés. — CC.

L. sativum L. — Cultivé, fréquemment subspontané dans le voisinage des habitations.

20. BISCUTELLA L.

***B. lævigata** L. — Rochers, coteaux pierreux — Saint-Pierre-d'Exideuil (Lloyd). — RR.

21 CAPSELLA L.

C. Bursa-pastoris Mœnch. — *Thlaspi Bursa-pastoris* L. —Lieux cultivés et incultes, vieux murs, bords des chemins. — CC.

22. THELASPI Dill.

T. arvense L. — Lieux cultivés et moissons. — Gençay, Lésigny ; Roiffé ; Le Sablon ; Pindray (Chab.) ; Brigueil (Delacroix). — R.

T. perfoliatum L. — Vignes et coteaux calcaires. — CC.

23. TEESDALIA R. Br.

T. nudicaulis R. Br.— *Iberis nudicaulis* L.—*T. Iberis* DC. — Lieux sablonneux, pelouses arides. — Dissais ; Ligugé! ; Châtellerault ; Lencloître; Loudun. — C.

T. Lepidium DC. — *Lepidium nudicaule* L. — Pelouses sèches. — Rochers granitiques de Ligugé. — RR.

24. IBERIS L.

I. amara L. — Moissons, bords des chemins, champs pierreux. — CC.

25. SENEBIERA Poir.

S. Coronopus Poir. — *Cochlearia Coronopus* L. — Bords des chemins, lieux frais incultes. — C.

26. MYAGRUM L.

M. perfoliatum L. — Coteaux et moissons calcaires. — Saint-Benoît ! ; Smarves ; Fonternault ; Joussé ; Niortaut ; Le Petit-Versailles ; Dangé ; Mauroc. — AR.

27. NESLIA Desv.

N. paniculata Desv. — *Myagrum paniculatum* L. — Moissons arides, champs maigres. — CC.

28. CALEPINA Desv.

C. Corvini Desv. — *Myagrum bursifolium* Thuil. — Vignes et pelouses calcaires. — Le Porteau ; La Roche ; Pont-Achard : Biard! ; Niré-le-Dolent ; Angles, etc. — AC.

29. ISATIS L.

1. **tinctoria** L. — Lieux arides pierreux, vieux murs. — Rochers et dunes autour de Poitiers! ; Coulombiers (Contejean).

RÉSÉDACÉES.

1. RESEDA L.

R. luteola L. — Lieux incultes, bords des chemins. — C.
R. lutea L. — Lieux arides, bords des chemins. — CC.

2. ASTROCARPUS Neck.

A. Clusii J. Gay. — *Reseda sesamoïdes* All. — Landes sablonneuses. — F. de Châtellerault! ; |Lencloître ; Guesnes ; Angliers ; sables du grès vert ; Loudun ; Moulière ; Vieux-Poitiers. — C.

DROSERACÉES.

1. DROSERA L.

D. rotundifolia L. — Marais tourbeux, terrains spongieux et mouvants, surtout dans le sol granitique. — Les Paturelles ; Pouillac ; Les Bordes, entre Availles et L'Isle-Jourdain ; L'Age-Gassin ; Etang de Montarban. — R.

D. intermedia Hayne. — Marais et landes tourbeuses. — Pâtis de Pouillac ; Etang des Forest près Moulimes (Chab.) ; Blondel ; Etang de Montarban ; Riz-Chauveron (Chab.) ; Montmorillon ; Etang de Lenet. — RR.

3. PARNASSIA Tourn.

P. palustris L — Prés marécageux ou tourbeux. — Saint-Genest ; Bois-au-Roi! ; prés tourbeux entre Availles et L'Isle-Jourdain ; Montmorillon ; marais de Moussac ; La Pallu ; Vendeuvre ; Riz-Chauveron ; St-Remy-s.-Gartempe. — R.

VIOLARIÉES.

1. VIOLA Tourn.

SECT. 1. *NOMINIUM.*

V. odorata L. — Bois, buissons, lieux frais. — CC.
    * var. *permixta* (*V. permixta* Jord.). — Les Veudes près de la Moutre. — AC.

* **V. collina** Besser. — Bois et haies. — Vendeuvre ; coteaux de La Nivardière ; Chiré. — AR.

* **V. alba** Besser. — Haies et buissons. — Bois en face le passage à niveau du chemin de fer de La Rochelle (Contejean).

V. hirta L. — Haies, taillis et champs calcaires. — C.

***V. scyaphila** Koch. — Lieux couverts. — Saint-Remy ; Smarves.
— R.

V. sylvestris Lamk. — *V. sylvatica* Fries. — Bois, haies, buissons,
lieux humides ombragés. — Bois de La Roche (Delacroix) ;
Adriers ; Mouterre. — RR.

> var. *Riviniana* Coss. et Germ. (*V. Riviniana* Reich.). —
> Saint-Benoît ; Ligugé ; Croutelle ; F. de Châtellerault ;
> Chiré ; Saint-Romain, etc. — CC.

V. canina L.—Lisières des bois, pelouses sablonneuses, bruyères.—CC.

> *var. *lucorum* Reich. — F. de Châtellerault ; Croix-Pontailler ;
> Nerpuy ; le Rond. — AR.

V. lancifolia Thore. — Lieux secs, bruyères et landes. — Ouzilly-
Vignolles ; Vellèches ; Loudun ; Montmorillon ; La Gabidière ;
Croix-Pontallier ; Queaux ; Coulombiers ; F. de Châtellerault ;
L'Isle-Jourdain. — AR.

***V. pumila** Vill. — *V. pratensis* Mert. et Koch. — Prés humides. —
Prairies de La Bouleur, entre Brux et Chaunay (Guyon). — RR.

***V. stricta** Horn. — Lieux humides. — Thore. — RR.

SECT. 2. MELANIUM.

V. tricolor L.

> var. *hortensis* DC. — Cultivé.

> var. *arvensis* Murr. — Champs, moissons, lieux cultivés.

M. Jordan a créé plusieurs espèces dérivées du *V. tricolor*. Nous
énumérons celles trouvées dans le département. = *V. agrestis.*
— Chiré, etc. — C. = *V. ruralis.* — Dissais (Deloynes). = *V.
Deseglesei.* — Montmorillon ; Poitiers. = *V. gracilescens.* — Poi-
tiers ; Châtellerault ; Chiré ; Montmorillon. — C. = *V. peregrina.*
— Saint-Sulpice. = *V. segetalis.* — Poitiers, Hôpital-des-
Champs. = *V. Paillouxii.* — Bois de Scévole ; bords de La Vienne,
entre Availles et L'Isle-Jourdain.

CAPPARIDÉES.

1. CAPPARIS L.

***C. spinosa** L. — Poitiers, coteaux de La Tranchée ; La Cagouillère.—
RR.

CISTINÉES.

1. HELIANTHEMUM Tourn.

H. salicifolium Pers. — *Cistus salicifolius* L. — Coteaux calcaires. —
Dunes de Poitiers ; La Cagouillère ; Roc-à-Midi ; Passe-Lourdain, etc. — C.

H. vulgare Gærtn. — *Cistus Helianthemum* L. — Pelouses et taillis. — C.

H. pulverulentum DC. — *Cistus pulverulentus* Thuil. — Coteaux secs et pierreux, lieux stériles des terrains calcaires. — Lussac. — RR.

> var. *apenninum* DC. — *Cistus apenninus* L. — La Cossonnière ; Chemin des Sarrazins , commune de Vendeuvre, etc. — C.

H. umbellatum Muller. — *Cistus umbellatus* L. — Bois sablonneux, landes et bruyères. — Moussac ; Gardèche ; La Gabidière ; Usson ; Montmorillon ; Lathus (Deloynes). — RR.

H. guttatum Mill. — *Cistus guttatus* L. — Lieux secs et sablonneux. —Forêt de Châtellerault ; Saint-Romain ; Dissais ; Lencloître ; Couhé ; Guesnes ; Bournand ; Montmorillon, etc. — C.

2. FUMANA Spach.

F. vulgaris Spach. — *Helianthemum Fumana* Mill. ; *Fumana procumbens* Gr. et God. — Coteaux calcaires arides. — Flée ; La Cossonnière ; Passe-Lourdain ! ; Smarves ; Butte de Gironde ; Saint-Genest ; Saint-Pierre-d'Exideuil ; Lussac ; Mondion ; Saint-Remy ; Marmande. — AR.

F. Spachii Gr. et God. — *F. vulgaris* Spach (part.) ; *Cistus Fumana* L. (part.). — Coteaux de la Chaise, commune de Saint-Remy-sur Creuse (Delacroix). — RR.

CARYOPHYLLÉES.

1. GYPSOPHILA L.

G. muralis L. — Champs arides, humides l'hiver, bords des étangs sablonneux. — La Rouerie ; La Roche-de-Brand ; Lencloître ; Gençay ; chemin de Civray à Couhé ; Les Rivières ; Châtellerault, etc. — AC.

2. DIANTHUS L.

D. Caryophyllus L. — Rochers, vieux murs. — Commune autour de Poitiers ; La Cagouillère ; Grotte-à-Calvin ; La Mérigotte ; Nérignac ; Angles ; Chauvigny ; Ternay ; Loudun. — AR

D. superbus L. — Prairies, clairières humides des bois. — Forêt de Moulière, près de Coursec. — RR.

D. prolifer L. — Lieux arides, vieux murs, bords des chemins sablonneux. — CC.

D. Carthusianorum L. — Prés et lieux arides. — CC.

D. Armeria L. — Coteaux et bois secs. — Fontaine-le-Comte ; Ligugé ; Mortiers, etc. — AC.

3. SAPONARIA L.

S. officinalis L. — Bords des rivières et des chemins. — C.

. **S. Vaccaria** L. — Moissons des terrains calcaires et argileux. — Fonternault ; Montamisé ; Buxerolles ; Vendeuvre ! ; Étables ! ; Châtellerault ; Ligugé ; Saint-Sauvant. — AR.

4. CUCUBALUS Gærtn.

C. bacciferus L. — Haies, buissons, lieux ombragés, humides. — Bonneuil-Matours ! ; Châtellerault ; Lencloître ; Candé ; Saint-Remy ; Vouneuil-sur-Vienne. — R.

5. SILENE L.

S. inflata Sm. — *Cucubalus Behen* L. — Moissons , lieux incultes. — Bords des chemins, — CC.

    var. *vesicaria* (Schrad). — Saint-Romain. — AR.

S. Otites Sm. — *Cucubalus Otites* L. — Lieux sablonneux arides, coteaux pierreux. — Roches, près Saint-Chartres. — RR. .

S. nutans L. — Bois sablonneux, coteaux arides. — CC.

S. Gallica L. — *S. anglica* L. — Moissons et champs sablonneux. —Chantelle ; Etables ; Lencloître ; Bignoux ; Bonneuil, près Purnon ; La Marsaudière ; Iteuil ; Ligugé ; Gençay ; Vendeuvre ; Vengely. — AC.

S. conica L. — Pelouses et champs sablonneux. — Blaslay ; Dissais ; Lencloître ; Clairvaux ; Les Gaudiers ; Bournand ; forêt de Châtellerault ; Marmande. — AR.

6. MELANDRIUM Rœhling.

M. dioicum Coss. et Germ. —*Lychnis dioica* L. — *Lychnis vespertina* Sibth. — Lieux cultivés, bords des chemins, etc. — CC.

M. sylvestre Rœhl. — *Lychnis sylvestris* Hoppe ; *Lychnis diurna* Sibth. — Haies, prés et bois humides. — Bonneuil-Matours ; F. de Châtellerault ; Saint-Romain ; Port-de-Piles ; Leugny. — AR. — Commune à Adriers et dans toute la région granitique.

7. LYCHNIS Tourn.

L. Flos-Cuculi L. — Prés humides, lieux marécageux. — CC.

L. Githago Lmk. — *Agrostemma Githago* L. — Moissons. — CC.

8. BUFFONIA L.

B. paniculata Delarbre. — *Buffonia macrosperma* Gay. — Lieux pierreux des terrains calcaires. — Moulinet ; Traversonne ; Cissé ; Gençay. — RR.

9. SAGINA L.

S. procumbens L. — Lieux humides pierreux ou sablonneux, rues peu fréquentées. — CC.

S. apetala L. — Pelouses sablonneuses, champs humides, bords des chemins. — C.

*** S. patula** Jord. — Champs sablonneux. — Vendeuvre ; Montmorillon (Chab.). — R.

*** S. Lamyi** Schultz. — Saint-Romain (Delacroix). — RR. — Sables, rochers. — Vaux-en-Couhé (Guyon). — RR.

S. subulata Wimm. — *Spergula subulata* Swartz. — Bords des étangs sablonneux. — Lisières de la forêt de Moulière ; Lencloître ; Clairvaux ; Jérusalem ; La Marsaudière ; Civray ; Saint-Romain (Delacroix) ; étang du Riz-Chauveron (Contejean). — AR.

10 HOLOSTEUM L.

H. umbellatum L. — Terrains sablonneux, champs incultes, bords des chemins, vieux murs. — CC.

11. STELLARIA L.

S. media Sm. — *Alsine media* L. — Lieux frais, champs humides, pied des murs. — CC.

S. Holostea L. — Haies et broussailles. — CC.

S. glauca Withering. — Lieux marécageux, prés humides. — Le Pin ; Availles-Limousine ; bords de La Blourde. — R.

S. graminea L. — Haies, buissons, lieux secs. — CC.

S. uliginosa Murs. — S. *aquatica* Poll. — Fossés, lieux tourbeux, bords des sources. — Dissais ; Petit-Cenon ; Civray ; — R. — Plus commune dans la région granitique.

12. SPERGULARIA Pers.

S. rubra L. — *Arenaria rubra* L. — Bords des chemins, décombres, lieux sablonneux. — La Rouerie ; Beaulieu ; Port-Séguin ; Dissais ; Le Défend ; bords de La Vienne ; Lencloître ; Plaines de Saint-Pierre ; Bournand ; Guesnes, etc. — AC.

S. segetalis Fenzl. — *Alsine segetalis* L. — *Arenaria segetalis* Lmk. — Moissons des lieux sablonneux. — Coursec ; Dissais ; Lencloître ; Clairvaux ; La Motte-Champdeniers ; Coulombiers ; Lusignan ; Jazeneuil. — AR.

13. ALSINE Whlbg.

A. tenuifolia Crantz. — *Arenaria tenuifolia* L. — Champs sablonneux arides, coteaux secs, vieux murs. — CC.

    var. *viscidula* Coss. et Germ (*Ar. viscidula* Thuil.). — Murs du parc de Lussac. — R.

*** A. setacea** Mert et Koch. — *Arenariá setacea* Thuil. — Lieux secs et pierreux. — Ayron. — R.

14. ARENARIA L.

A. controversa Boiss. — *A. Conimbricensis* Brotero. — Champs pierreux des terrains calcaires. — Environs de Lussac, où elle abonde; Bapteresse; plaine de Thorus (Delastre). — RR.

A. serpyllifolia L. — Lieux sablonneux arides, bords des chemins, vieux murs. — CC.

> * *var. leptoclados* Guss. — Lieux pierreux, murs. — Chemin de Buxerolles ; faubourg de Rochereuil ; Ingrandes ; Aslonnes ; Dangé ; Saint-Romain. — C.

15. MŒHRINGIA L.

M. trinervia Clair. — *A. trinervia* L. — Bois et lieux frais, ombragés. — La Rouerie ; Croutelle ; Ligugé ; La Motte-Champdeniers ; Chiré ; Montmorillon. — AR.

16. CERASTIUM L.

C. triviale Link. — *C. vulgatum* L. — Lieux arides, terrains cultivés, prés secs, murs. — CC.

C. glomeratum Thuil. — *C. viscosum* L. ; *C. vulgatum* Sm. — Lieux cultivés, champs sablonneux. — CC.

C. brachypetalum Desp. — Collines pierreuses, champs incultes. — Biard ; Bellejouane : Le Porteau ; Saint-Benoît ! ; Les Dunes de Poitiers, etc. — AC.

C. semidecandrum L. — *C. pellucidum* Chaub. — Pelouses sèches, terrains sablonneux arides. — Bords de la Vienne ; Bournand ; La Motte-Champdeniers, etc. — AC.

***C. pumilum** Curt. — *C. glutinosum* Fries. ; *C. obscurum* Chaub. — Terrains sablonneux arides, vieux murs. — La Motte-Champdeniers ; Jérusalem. — AR.

> var. *campanulatum* Coss. et Germ. — *C. litigiosum* de Lens. — Champs sablonneux, alluvions. — Cissé ; Incurables. — AR.

***C. arvense** L. — Lieux stériles, coteaux arides, bords des chemins. — Bois de Messé. — AR.

C. erectum Coss. et Germ. — *Sagina erecta* L. ; *Mœnchia erecta* Fl. Wett. — Bords des mares, terrains sablonneux, bruyères. — Fief-Clairet ; La Gibaudière ; Ligugé ; bords de La Vienne ; Civray ; Loudun ; Saint-Romain, etc. — AC.

17. MALACHIUM Fries.

M. aquaticum Fries. — *Cerastium aquaticum* L. — Lieux fangeux ou humides, bords des eaux. — Chaussée de Saint-Benoît ; bords de La Vienne et de La Blourde. — AR.

18. SPERGULA L.

S. arvensis L. — *S. vulgaris* Bœnningh. — Champs sablonneux. — Roche-de-Brand ; Dissais ; Lencloître ; Loudun ; Breuil-l'Abbesse ; Sables de Poitiers. — CC.

S. pentandra L. — Lieux sablonneux. — Rochers de Ligugé . près Port-Séguin ; Dissais ; Angliers, etc. — AC.

ELATINÉES.

1. ELATINE L.

E. Alsinastrum L. — Bords des étangs sablonneux, mares tourbeuses peu profondes. — Moulière ; Vauroulée ; Saint-Remy ; Riz-Chauveron (Chab.).

* **E. hexandra** DC.— *E. hydropiper* Sm ; *E. hydropiper* DC.— Bords des étangs sablonneux ou des mares tourbeuses. — Riz-Chauveron (Chab.) ; étangs entre Lathus et Montmorillon ; Coulombiers (Contejean). — RR.

> var. *major* Coss. et Germ. — *E. hydropiper* DC. ; *E. major* Braun. — Mares et étangs. — Le Petit-Genest. — RR.

PARONYCHIÉES.

1. POLYCARPON L.

P. tetraphyllum L. — Champs sablonneux, pied des murs. — Bonneuil-Matours ; Châtellerault ; Availles-Limousine ; Loudun ; Saint-Romain (Delacroix) ; Antigny (Chab.) ; bords de La Vienne, près du tombeau de Chandos. — R.

2. ILLECEBRUM L.

I. verticillatum L. — Landes humides et sablonneuses. — Lussac ; Persac ; L'Isle-Jourdain ; Montmorillon, en face Rouflamme ; étang de Blondel ; Lathus, dans toute la vallée de La Gartempe. — R.

3. CORRIGIOLA L.

C. littoralis L. — Terrains sablonneux, bords des rivières. — CC.

4. HERNIARIA Tourn.

H. glabra L. — Terrains sablonneux, bords des étangs. — Croutelle ; Dissais ; Bonneuil-Matours, etc. — C.

H. hirsuta L. — Terrains sablonneux, bords des étangs. — C.

5. SCLERANTHUS L.

S. annuus L. — Champs, lieux cultivés. — CC.

S. perennis L. — Terrains sablonneux, rochers siliceux. — Port-Séguin ; Dissais ; Rochebrune ; Châtellerault ; Loudun ; Lathus. — AR.

PORTULACÉES.

1. PORTULACA Tourn.

P. oleracea L. — Lieux cultivés, jardins, décombres. — C.

> var. *sativa* DC. — Cultivé dans les jardins.

2. MONTIA L.

M. fontana L. — *M. minor* Gmel. — Sables humides, bords desséchés des étangs, pelouses humides. — Le Palais de Croutelle; La Roche-de-Brand; Petit-Genest; Dissais; Châtellerault; Loudun. — C.

M. rivularis Gmel. — *M. fontana major* DC. — Ruisseaux et filets d'eau des terrains granitiques. — Adriers; Pouillac; Lathus (Chab.). — RR.

CRASSULACÉES.

1. TILLÆA Micheli.

T. muscosa L. — Coteaux et rochers siliceux. — Rochers granitiques de Ligugé; La Motte-Champdeniers; La Combette, près Vendeuvre; Parc des Ormes; Ozon; Petit-Cenon (Delacroix); Lussac (Chab.). — R.

2. BULLIARDA L.

B. Vaillantii DC. — Indiqué dans les landes du Petit-Genest.

3. SEDUM L.

S. Telephium L. — Bois humides, taillis, vignes, lieux pierreux. — Vignes du Cours Saint-Cyprien; Saint-Benoît; Béruges; Lusignan; F. de Châtellerault; Loudun, etc. — AC.

S. Fabaria Koch. — *S. purpureum* Tausch. — Rochers des terrains sablonneux ou granitiques. — Lencloître; Availles-Limousine.

S. Cepæa. L. — Fossés et haies des lieux sablonneux, pierreux et couverts. — Les Breuil; Ligugé; Croutelle, etc. — AC.

S. album L. — Vieux murs, rochers, champs pierreux. — CC.

* **S. micranthum** Bast. — *S. Clusianum* Guss. — Rochers, murs, lieux pierreux ou sablonneux. — Availles-Limousine; Berges de La Vienne, à Châtellerault; Lussac; Saint-Remy; Mondion; Concise, etc. — AC.

S. rubens L. — *Crassula rubens* L. — Vignes, vieux murs. — Poitiers; Saint-Benoît; Biard, etc. — C.

S. villosum L. — Champs et pelouses sablonneuses humides. — Thiours; Lencloître; Jérusalem; Bournand; La Motte-Champdeniers. — R.

* **S. pentandrum** Bor. — Champs et pelouses des lieux sablonneux. — Lencloître; Bournand; Angliers; Vendeuvre; Ligugé. — R.

S. acre L. — Lieux secs pierreux, vieux murs. — CC.

S. sexangulare L. — Lieux arides et sablonneux. — Saix; La Boue, pelouses du château; Loudun; Trois-Moutiers. — RR.

S. reflexum. — Lieux sablonneux, vieux murs, coteaux pierreux. — CC.

S. anopetalum DC. — Rochers et coteaux calcaires. — Le Porteau ;
Rochers de la Tranchée ; Migné ; Lussac ; Dunes de Rochereuil ;
Auxances ; Lourdines. — AR.

***S. elegans** Lej. — Lieux sablonneux, rochers granitiques. —
Moulimes ; Vaux, près Saint-Romain (Delacroix) ; Pindray. — R.

* **S. albescens** Haw. — Rochers, lieux pierreux. — Adriers ; Villars
(Chab.). — RR.

* **S. altissimum** Poir. — Coteaux calcaires. — Villars (Chab.). — RR.

4. SEMPERVIVUM L.

S. tectorum L. — Toits et vieux murs. — C.

5. UMBILICUS DC.

U. pendulinus DC. — Vieux murs, rochers. — La Tranchée ;
Belair ; Port-Séguin ; Lavausseau ; Lusignan ; Civray. — AR.
Plus commune dans la région granitique.

SAXIFRAGÉES.

1. SAXIFRAGA L.

S. granulata L. — Prés, endroits découverts des bois sablonneux.
— CC.

S. tridactylites L. — Vieux murs, champs pierreux. — CC.

2. CHRYSOSPLENIUM L.

C. **oppositifolium** L. — Lieux couverts, bords des ruisseaux, filets
d'eau des terrains granitiques. — Neuf-Chaise, près Sanxais ;
Saulgé (Delacroix) ; fontaine de La Fiole, près Brigueil (Delacroix). — RR.

GROSSULARIÉES.

1. RIBES L.

R. Uva-crispa L. — Haies et clôtures près des habitations. — R.
var. *Grossularia* L. — Cultivé dans les jardins.

R. rubrum L. — Cultivé ; naturalisé dans quelques haies. — Verneuil, près Moulinet ; Ile-sur-Vienne ; ruisseau de Combe ; bords
de la Vendelogne. — R.

R. nigrum L. — Cultivé en plein champ et dans les jardins.

CUCURBITACÉES.

1. CUCUMIS L.

C. sativus L. — Cultivé dans les jardins potagers.

C. Melo L. — On en cultive plusieurs variétés.

2. CUCURBITA L.

C. maxima Duch. — Cultivé dans les jardins et les champs.
C. Pepo Seringe in DC. — Cultivé dans les jardins et les champs.

3. ECBALIUM Richard.

E. Elaterium Richard. — *Momordica Elaterium* L. — Lieux incultes. — Gençay ; Moncontour ; Ternay ; La Haye-Descartes, sur nos limites. — RR.

4. BRYONIA L.

B. dioica Jacq. — Haies et buissons. — CC.

ONAGRARIÉES.

1. EPILOBIUM L.

E. spicatum Lamk.—*E. angustifolium* L.— Bois montueux et frais. — Ouzilly ; Clairvaux. — RR.

E. hirsutum L. — *E. aquaticum* Thuil. — Fossés, bords des eaux. — Moulin-Apparent ; Saint-Benoît, etc. — C.

E. parviflorum Schreber. — *E. molle* Lamk. — Fossés, bords des eaux. — CC.

* **E. montanum** L. — Bois humides, buissons. — Bois de Malvaut (Letourneux) ; Coupé ; Saulgé (Delacroix) ; Brigueil (Delacroix) ; Charroux (Lloyd) ; Lussac ; Lathus ; Chez-Liobat (Chab.). — R.

E. lanceolatum Sebast. — *E. nutans* Lej. — Bois frais et coteaux. — Croutelle ; Asnières ; Gençay ; Puydardane ; Syvainé ; bois de Rouet ; parc des Ormes ; Montmorillon. — AR.

* **E. palustre** L. — Lieux tourbeux ou marécageux. — Lathus ; étang de Pile-Buisson ; étang du Riz-Chauveron (Chab.). — R.

E. tetragonum L. — Fossés et lieux frais. — Saint-Benoît ; Andillé ; Ligugé ; Gençay ; garenne de La Guenetière ; Chiré, etc. — AC.

    * var. *obscurum* Coss. et Germ. (*E. obscurum* Schreb.). — Riz-Chauveron ; fosse de Beauclair ; de Gaulerie ; Adriers ; Montmorillon ; Lathus, etc. — AC.

2. ŒNOTHERA L.

Œ. biennis L. — Lieux sablonneux. — Bords de La Vienne, depuis Availles jusqu'à Châtellerault ; Croutelle ! — AC.

Œ. stricta Ledebours. — Naturalisé à Bernusson.

3. ISNARDIA L.

I. palustris L. — Marais, étangs, fossés inondés. — Poitiers ; Saint-Benoît ; Ozon, etc. — AC.

CIRCEACÉES.

1. CIRCÆA Tourn.

C. Lutetiana L. — Lieux ombragés et humides. — Migné; Mezeaux; Croutelle!; La Chapelle; Vintray. — AC.

HALORAGÉES.

1. MYRIOPHYLLUM Vaill.

M. verticillatum L. — Etangs, fossés, lieux 'fangeux. — C.

M. alterniflorum DC. — Bords des eaux. — La Vienne, à Bonneuil-Matours; Coulombiers; Saint-Remy; Dangé; L'Isle-Jourdain; Lathus. — AR.

M. spicatum L. — Eaux paisibles, mares, étangs. — CC.

2. TRAPA L.

T. natans L. — Mares, étangs, rivières à courant peu rapide. — Environs de Sanxais, sur nos limites; La Vienne, à Gouex. — RR.

HIPPURIDÉES.

1. HIPPURIS L.

H. vulgaris L. — Fossés aquatiques, marais tourbeux. — Poitiers, Gençay; Lencloître, etc. — AC.

var. *fluviatilis* (Hoffm.). — La Briande. — AR.

CALLITRICHINÉES.

1. CALLITRICHE L.

C. aquatica Huds. — Eaux vives, étangs, ruisseaux, fossés aquatiques. — C.

var. *stagnalis* Coss. et Germ. (*C. stagnalis* Scopoli). — C.

var. *platycarpa* Coss. et Germ. (*C. platycarpa* Kütz). — C.

var. *verna* Coss. et Germ. — (*C. verna* L.). — C. Lusignan, etc.

var. *hamulata* Coss. et Germ. (*C. hamulata* Kütz. — *C. autumnalis* Kütz). — Route de Dangé à Saint-Remy; La Groye, près Ingrandes. — R.

var. *truncata*. — (*C. truncata* Guss.). — La Clouère; Château-Larcher. — RR.

CERATOPHYLLÉES.

1. CERATOPHYLLUM L.

C. demersum L. — Marais, fossés, étangs, rivières. — Fossés du Pré-L'Abbesse. — CC.

C. submersum L. — Ruisseaux, étangs à fond de sable. — Ruisseau de Niré, près Loudun ; moulin de La Tousche, près Lusignan ! — R.

LYTHRARIÉES.

1. LYTHRUM L.

L. Salicaria L. — Bords des eaux. — CC.

L. Hyssopifolia L. — Bords des eaux, lieux frais ou inondés l'hiver. — Saint-Benoît ; Ligugé ; Vouillé, etc. — AC.

2. PEPLIS L.

P. Portula L. — Lieux inondés l'hiver, bords des étangs et des chemins humides. — Croutelle ; Mezeaux ; Petit-Genest ; Moulière. — C.

AMYGDALÉES.

1. AMYGDALUS L.

A. communis L. — Cultivé dans les jardins et les champs.
   var. *amara* DC.
   var. *dulcis* DC.

A. Persica L. — *Persica vulgaris* Mill. — Cultivé dans les vignes et les jardins.
   var. *lœvis* Coss. et Germ. — (*Persica lœvis* DC.)

2. PRUNUS Tourn.

P. spinosa L. — Haies, buissons, bois. — CC.
   var. *fruticans* Coss. et Germ. (**P.** *fruticans* Weihe.). — C.

P. insititia L. — Cultivé et fréquemment subspontané dans les haies et au voisinage des habitations. — R.

P. domestica L. — Cultivé et fréquemment subspontané dans les haies et auprès des habitations.

P. Armeniaca L. — *Armeniaca vulgaris* Lamk. — Cultivé dans les jardins et les vergers. Spontané dans les champs et les vignes, près Mongamé.

3. CERASUS Juss.

C. avium Mœnch. — *Prunus avium* L. — Bois et forêts. — CC.
   var. *sylvestris* Coss. et Germ. — Bois et forêts. — CC.
   var. *Juliana* Coss. et Germ. — (*C. Juliana* DC.). — Cultivé.
   var. *Duracina* Coss. et Germ. — (*C. Duracina* DC.). — Cultivé.

C. vulgaris Mill. — *C. caproniana* DC. —*Prunus Cerasus* L. —Cultivé dans les jardins et les vergers.

C. Mahaleb L. — *Prunus Mahaleb* L. —Haies, buissons. —Côteaux de Peuron, près Chauvigny ; Château d'Angles ; Saint-James ; La Guittière de la Tousche ; La Roche-à-Gué ; Béthines. — RR.

ROSACÉES.

Trib. I. *SPIRÆEÆ* L.

1. SPIRÆA L.

* **S. hypericifolia** L. — *S. obovata* Willd. — Bois pierreux. — La Douce-de-Fontjoise ; Thorus, près Château-Larcher (Letourneux) ; Mauroc. — RR.

S. Ulmaria L. — Bords des eaux, prés humides. — CC.

S. Filipendula L. — Bois, champs et prés secs. — Passe-Lourdain ; Nouaillé ; Gençay ; Vareilles-Sommières, etc. — AC.

Trib. II. *POTENTILLEÆ*.

2. RUBUS L.

R. idæus L. — Cultivé dans les jardins et les champs.

R. cæsius L. — Lieux frais et ombragés. — CC.

    var. *agrestis* (W. et N.).

    var. *aquaticus* (W. et N.). — Bords de La Vendelogne.

    var. *serpens* (Gr. et God.). — Allée de Dangé au Rond ; forêt de La Guerche ; Petit-Château ; Chiré. — RR.

    var. *dumetorum* (W. et N.). — *R. nemorosus* Hayne, part. — *R. corylifolius* DC. — C.

R. fruticosus L. — Haies, bords des chemins, lieux incultes, lieux frais et ombragés.

Nous indiquons comme variétés du *R. fruticosus* quelques-unes des nombreuses espèces créées par les auteurs.

    var. *Wahlbergii* (Arrh.). — Vendeuvre (Guyon). — R.

    var. *vestitus* (W. et N.). — C.

    var. *humifusus* (W. et N.). — Forêt de La Guerche ; allée du Rond à Dangé. — R.

    var. *glandulosus* (Bell.). — *R. hybridus* Will. ; *R. Bellardi* (W. et N.) ; *R. hirtus* Reich. — Bois de Prun ; Adriers (Chab.). — R.

    var. *Radula* (W. et N.). — Ligugé ; bois de Vouillé ; Chiré ; Piloué ; Leugny ; Vellèches. — R.

    var. *scaber* (W. et N.). — Allée du Rond à Dangé ; au Rond, à Ingrandes. — R.

var. *hirtus* (W. et N.). — Bois de La Millière, près Vaux-en-Couhé. — R.

var. *rudis* (W. et N.). — Forêt de La Guerche (Delacroix); bois de La Millière, près Vaux-en-Couhé ; environs de Bonneuil-Matours. — R.

var. *carpinifolius* (W. et N.). — La Guerche ; du Rond à Dangé, après les étangs ; Montmorillon (Chab.).

var. *vulgaris* (W. et N.). — Forêt de La Guerche ; Chaussée-des-Étangs. — R.

var. *tomentosus* (Borkh). — Champs stériles — Coursec; Bonneuil-Matours.

s.-v. *glabratus* (Godr.). — Chiré ; Vouneuil-s.-Biard.

var. *collinus* (DC.). — Buissons des Champineaux et de La Cour ; Chiré; les Trois-Moulins, près Saint-Romain. — R.

s.-v. *arduennensis* (Lej.). — Champenet ; Chiré.

var. *discolor* (W. et N.). — Haies et bois. — CC.

var. *Thyrsoideus* (Wimm.). — *R. fruticosus* W. et N. ; *R. candicans* Reich. — Mervan ; Poitiers ; Chiré ; Mousseaux ; Les Ormes. — C.

var. *Thuillieri* (Poir.). — *R. tomentosus* Thuil. — *R. Rhamnifolius* W. et N. — Mezeaux ; Poitiers ; Chiré. — AC.

var. *cordifolius* (W. et N.). — Bois. — Concise; Montmorillon ; Moulière, près la loge de Coursec. — R.

var. *macrophyllus* (W. et N.). La Vacherie ; Chiré; Chêne-Boulet ; Bois-Bertaut ; la Guenetière. — R.

var. *sylvaticus* (W. et N.). — La Chèze, près Latillé ; bois de La Millière, près Couhé. — R.

3. FRAGARIA L.

F. vesca L. — Clairières des bois, gazons des coteaux découverts. — Saint-Benoît ; Biard, etc. — C.

F. elatior Ehrh. — *F. magna* Thuill. — Lieux ombragés, bois montueux, haies et lieux frais.

F. collina Erhr. — Pelouses des coteaux arides, clairières des bois. — Mauroc ; Chiré. — AR.

4. GEUM L.

G. urbanum L. — Lisières des bois, haies, lieux frais. — CC.

5. POTENTILLA L.

P. anserina L. — Bords des chemins humides, mares, fossés, lieux inondés l'hiver. — CC.

P. supina L. — Bords des eaux. — Oyron, sur nos limites.

P. argentea L. — Coteaux arides, bords des routes. — C.

*__P. inclinata__ Vill. — Rochers, murs. — Poitiers, murs du jardin des Incurables. — R.

__P. Tormentilla__ Sibth. — *Tormentilla erecta* L. — Bois, landes, bruyères. — CC.

> var. *mixta* (Cosson et Germ.) — *P. mixta* Nolte; *Tormentilla reptans* L. — Pelouses, bois. — Availles-Limousine ; L'Isle-Jourdain ; bois de Charroux. — RR.

__P. reptans__ L. — Bords des chemins, champs, fossés. — CC.

__P. verna__ L. — Pelouses sèches, bois sablonneux, bruyères. — CC.

__P. Fragaria__ Poir. — *Fragaria sterilis* L. ; *P. Fragariastrum* Ehrh. — Bords des chemins herbeux, lisières des bois. — Saint-Benoît ; Biard ; Ligugé, etc. — AC.

__P. splendens__ Ram. in DC. — *P. Vaillantii* Nestl. — Bois sablonneux, bruyères, coteaux. — CC.

Trib. III. *AGRIMONIEÆ*.

6. AGRIMONIA L.

__A. Eupatoria__ L. — Bords des chemins, lisières des bois, pelouses arides. — CC.

Trib. IV. *SANGUISORBEÆ*.

7. ALCHEMILLA L.

__A. arvensis__ Scop. — *Aphanes arvensis* L. — CC.

8. SANGUISORBA L.

__S. officinalis__ L. — *S. serotina* Jord. — Prés et pelouses des bois. — Availlé, sur le chemin des Paturelles à Lésigny ; Vanzais sur les limites du département (Madame Guitteau). — RR.

9. POTERIUM L.

__P. Sanguisorba__ L. — Pelouses, coteaux secs. — CC.

> var. *dictyocarpum* Coss. et Germ. — *P. dictyocarpum* Spach. — C.

> var. *muricatum* Coss. et Germ. — *P. muricatum* Spach. — *Platylophum* Jord. — C.

Trib. V. *ROSEÆ*.

10. ROSA L.

__R. canina__ L. — Bois, haies, buissons. — CC.

> var. *Andegavensis* Coss. et Germ. — *R. Andegavensis* Bast. — Bonneuil-Matours. — AR.

> var. *dumetorum* Coss. et Germ. — *R. dumetorum* Thuil.

*var. *corymbifera* Borkh. — Haies, buissons. — Saint-Remy-s.-Creuse.

var. *sepium* Coss. et Germ. — *R. sepium* Thuil.

var. *obtusifolia* Desv. — Montbernage; Les Breuil; Lencloître; Saint-Remy. — C.

var. *alba* L'. — Haies, aux environs de Loudun. — RR.

*var. *dumalis* Bechst. — Haies. — CC.

R. rubiginosa L. — Coteaux arides , haies et buissons. — CC.
var. *umbellata* Leers. — C.

R. tomentosa Sm. — Haies, taillis, lisières des bois. — Saint-Eloi ; Biard ; la Charletterie , etc. — AC.

var. *subglobosa* (Smith). — Chiré ; Piloué ; Brigueil-le-Chantre, etc. — AC.

R stylosa Desv. — Buissons. — Croutelle. — RR.

var. *leucochroa* Desv. — Saint-Eloi ; Poitiers ; Smarves ; Vendeuvre. — C.

*var. *systyla* Bast. — Bois du palais de Vivône.

R. arvensis Huds. — Haies, coteaux incultes, lisières des bois. — Vignes près Châtellerault ; route de Richelieu. — R.

*var. *bibracteata* (Bast.). — Piloué ; Pietard. — AC.

R. sempervirens L. — Haies, bois. — Palais de Croutelle ; entre Civray et Pressac. — RR.

R. pimpinellifolia L. — *R. spinosissima* Jacq. — Coteaux arides, lieux pierreux, rochers. — Ruines du château de Mirebeau ; taillis près Saint-Genest; Saint-Benoît ; Thours (Contejean). RR.

R. Eglanteria L. — *R. lutea* Mill. — Naturalisé dans quelques haies, aux environs de Loudun. — RR.

***R. cinnamomea** L. — Naturalisé dans le jardin du Grand-Séminaire. — RR.

* **R. gallica** L. – *R. pumila* Jacq. —Naturalisé dans les haies.—Port-Séguin ; chemin d'Andillé ; Lussac ; Montmorillon — RR.

R. centifolia L. — Trouvé simple dans une haie, entre Le Cloux et La Petite-Bruère.

POMACÉES.

1. MESPILUS L.

M. germanica L. — Haies et taillis. — C.

2. CRATÆGUS L.

C. oxyacantha L. — Haies, lisières des bois.

var. *monogyna* Coss. et Germ. — *C. monogyna* Jacq. — CC.

var. *oxyacanthoides* Coss. et Germ. — *C. oxyacantha* L. — *C. oxyacanthoides* Thuil. — La Cossonnière ; Croutelle ;

Le Léjat ; Chiré ; bois de l'Hòpitau ; Targé ; Montmorillon ; Couhé, Saint-Julien , etc. — AC.

3. CYDONIA Tourn.

C. vulgaris Pers. — *Pyrus Cydonia* L. — Planté dans les jardins,
naturalisé dans les coteaux de Saulgé.

4. PYRUS Tourn.

P. communis L. — Cultivé partout avec ses nombreuses variétés,
quelquefois spontané ou naturalisé dans les bois.

5. MALUS Tourn.

M. communis Lmk. — *Pyrus Malus* L. — CC.

> var. *acerba* Coss. et Germ. — *M. acerba* Mérat. — Bois,
> forêts. — C.
> var. *mitis* Coss. et Germ. — *Pyrus Malus mitis* Wallr. —
> Cultivé partout avec ses nombreuses variétés.

6. — SORBUS L.

S. domestica L. — *Pyrus domestica* Sm. — Bois, forêts. — AC.
S. aucuparia L. — *Pyrus aucuparia* Gærtn. — Bois montueux,
forêts, rochers. — AR.
S. torminalis Crantz. — *Cratœgus torminalis* L. — Bois, forêts.
— AC.

PAPILIONACÉES.

1. ULEX L.

U. europæus L. — Landes, bois, haies, bords des chemins. — CC.
U. nanus Sm. — Bois, bruyères, coteaux. — CC.

2. GENISTA L.

G. anglica L. — Bruyères, coteaux pierreux, landes humides. —
Ligugé ; Nouaillé ; Fontaine-le-Comte, etc. — C.
G. sagittalis L. — Lieux secs des bois et pâturages. — C.
G. tinctoria L. — Bois et pâturages. — C.
G. pilosa L. — Bruyères, coteaux arides, bois sablonneux. — Saint-
Benoît ; Croutelle ; Vouillé ; Gençay, etc. — AC.

3. SAROTHAMNUS Wimmer.

S. scoparius Koch. — *Spartium scoparium* L. — Bois sablonneux,
bruyères, lieux incultes.

4. CYTISUS L.

Ç. supinus L. — Coteaux secs et calcaires, bords des bois. — Saint-Benoît ; La Cossonnière ; Mezeaux ; Vouillé, etc. — C.

***C. decumbens** Walp. — *C. prostratus* Scop. — Coteaux arides, bords des bois. — Vendeuvre ; bois de Vieux ; La Baron ; Chéneché. — RR.

C. Laburnum L. — Planté dans les parcs et les promenades publiques, quelquefois naturalisé autour des habitations.

5. ONONIS L.

O. spinosa L. — *O campestris* Koch. — Champs et pâturages secs. — Moulinet ; Ayron. — RR.

O. repens L. — *O. procurrens* Wallr. — Champs et lieux incultes. — CC.

    var. *elatior* (Boreau). — Taillis sablonneux. — Verrières, près Loudun.

O. Columnæ All. — *O. minutissima* Jacq. — Lieux secs et pierreux, coteaux. — Roc-à-Midi ; Passe-Lourdain ; Flée ; Smarves ; Ligugé ; Biard ; vallée de l'Auxances (Contejean). — AR.

O. striata Gouan. — Coteaux arides, lieux secs et pierreux. — Moulinet ; Auxances ; Smarves. — RR.

O. Natrix L. — Bords des champs pierreux ou sablonneux, coteaux arides. — Biard ; Roc-à-Midi ; Flée, etc. — C.

6. ANTHYLLIS L.

A. Vulneraria L. — Pelouses sèches, coteaux arides sablonneux ou pierreux. — Poitiers ; Lusignan, etc. — C.

    var. *flava*. — La Roche-Posay ; Montmorillon. — RR.

    *var. *rubriflora*. — *A. Vuln. rubriflora* DC. — *A. Dillenii* Schultz. — Coteaux arides exposés au midi. — Civray (Lloyd) ; Mousseaux, près Les Ormes (Delacroix). — RR.

7. TRIFOLIUM Tourn.

T. angustifolium L. — Lieux secs calcaires ou sablonneux. — Petit-Château ; Saint-Georges ; F. de Châtellerault ; Bonneuil-Matours ; Lencloître ; La Motte-Champdeniers ; Vendeuvre ; Château-Larcher ; Ouzilly ; Saint-Léger. — R.

T. rubens L. — Haies, bois, champs calcaires. — Saint-Benoît ; Naintré, etc. — C.

T. incarnatum L. — Cultivé en prairies artificielles. — Subspontané çà et là aux bords des champs et dans les moissons.

    *var. *Molinieri* Coss. et Germ. — *T. Molinieri* Balb. — Paraît spontané sur le granit. — Lathus ; Ligugé ; Port-Séguin.

T. arvense L. — Champs et pelouses sablonneuses. — CC.

    var. *gracile* Coss. et Germ. — *T. gracile* Thuil. — Rochers granitiques de Ligugé ; Châtellerault, etc. — C.

'var. *arenivagum* (Jord.). — Lieux sablonneux, alluvions.
— AC.

T. maritimum Huds. — Prés humides. — La Tricherie; Beaudimant ; Beaurepaire ; Arche-de-Fresnaie ; Sanital. — RR.

T. medium L. — *T. flexuosum* Jacq. — Lieux herbeux des bois,
bords des chemins, pelouses élevées. — Ligugé; Vouillé; Lusignan ; F. de Moulière ; Combourg. — AR.

T. ochroleucum L. — Prés secs, pâturages élevés, bords des bois.
— C.

T. pratense L. — Prés, bois, bords des chemins. — CC.

T. scabrum L. — Coteaux jurassiques, pelouses sèches. — Flée ;
Passe-Lourdain ; Smarves ; rochers de la Tranchée ; Lussac ;
Marmande. — AR.

T. striatum L. — Pelouses sèches, lisières des bois. — La Rouerie ;
Maison-Neuve ; Ligugé, etc. — AC.

T. fragiferum L. — Pelouses, bords des chemins. — CC.

T. resupinatum L. — Prés, pelouses. — Bords de La Vienne, au
Sanital (Delacroix) ; Montmorillon. — RR.

T. subterraneum L. — Pelouses rases des terrains sablonneux.—C.

T. repens L. — Pelouses, bords des chemins, prairies. — CC.

T. glomeratum L. — Pelouses sèches des terrains sablonneux. —
Port-Séguin ; La Vacherie ; forêt de Châtellerault ; Lencloître ;
La Motte-Champdeniers ; Saint-Romain ; Montmorillon. — R.

T. strictum L.—Pelouses sèches et sablonneuses.— Forêt de Châtellerault ; Lencloître ; Angliers ; Jérusalem ; La Motte-Champdeniers ; Ligugé ; Port-Séguin.—R.

T. procumbens L. — *T. agrarium* Gr. et Godr. — Prés, pelouses
sablonneuses. —Bords de La Vienne ; Montmorillon, etc. — AC.

T. campestre Schreb. — Champs et lieux sablonneux. — CC.

T. patens L. — *T. aureum* Thuill. ; *T. parisiense* DC. — Prairies humides, prés spongieux ou tourbeux. — Croutelle ; Fontaine-le-Comte ; Mezeaux, etc. — AC.

T. filiforme L. — Prés et pelouses des bois. — CC.

8. **MELILOTUS** Tourn.

M. arvensis Wallr. — Champs calcaires, bords des chemins, décombres. — CC.

M. officinalis Willd. — *M. altissima* Thuill. — Haies, lieux frais,
bords des fossés, lisières des bois. — Croutelle ; Mezeaux ; Lusignan ; Clairvaux ; La Boue, etc. — AC.

** M. alba** Lamk. — *M. leucantha* Koch. — Lieux secs, bords des chemins.— Méré ; Lésigny (Delacroix) ; Gare de Couhé-Vérac (Guitteau). — R.

9. **MEDICAGO** L.

M. lupulina L. — Lieux stériles, prairies. — CC.

M. falcata L. — Lieux stériles, pâturages secs, haies, bords des chemins. — Châtellerault ; bords de La Vienne ; Montamisé ; Cissé ; Bataillé ; Vendeuvre. — AR.

M. sativa L. — Cultivé en prairies artificielles.

M. marginata Willd. — *M. ambigua* Jord. — Champs et coteaux calcaires. — Saint-Benoît ; Fonternault ; Puy-Joubert ; Smarves ; Le Porteau, etc. — AC.

M. striata Bast. — Champs, coteaux et sables. — Fontaine minérale d'Availles-Limousine. — RR.

M. maculata Willd. — Prés, bords des champs et des chemins. — CC.

M. denticulata Willd. — Moissons, champs en friche. — La Motte-Champdeniers. — RR.

M. apiculata Willd. — Moissons, champs en friche, lieux pierreux. — Châtellerault ; Loudun ; Romagne ; Vaux-en-Cormy. — AR.

M. Gerardi Willd. — Pelouses sèches des terrains sablonneux ou calcaires. — Dissais ; Bonneuil-Matours ; Châtellerault ; Lencloitre ; Bournand, etc. — AC.

M. minima Lamk. — Murs, rochers et pelouses arides. — CC.

10. LOTUS L.

L. major Scop. — *L. uliginosus* Schk. — Fossés et prés marécageux. — Bas de Smarves. — C.

L. corniculatus L. — Pelouses, bois, bords des chemins. — CC.

var. *tenuis* Coss. et Germ. — L. *tenuis* Kit ; *L. tenuifolius* Reich. — Montbernage ; La Charletterie, etc. — AC.

L. angustissimus L. — *L. diffusus* Smith. — Coteaux arides, pelouses, chemins. — Moulière ; Clairvaux ; Mauvillant ; Romagne ; Bournand ; La Motte-Champdeniers ; Civray ; Ligugé ; Port-de-Piles. — AR.

L. hispidus Lois. — Coteaux arides, bords des chemins, terres en friche. — Jérusalem ; Adriers ; Saint-Genest ; Montmorillon ; Ouzilly ; Vendeuvre ; Angliers. — RR.

11. TÉTRAGONOLOBUS Scop.

T. siliquosus Scop. — *Lotus siliquosus* L. — Prairies humides, bords des eaux. — Mezeaux ; La Pallu ; Lencloître ; Pouillac ; Combourg ; La Motte-Champdeniers ; Bonneuil-Matours. — AC.

12. PHASEOLUS L.

P. vulgaris L. — Cultivé dans les jardins et en plein champ. var *nanus* Coss. et Germ. — *Ph. nanus* L. — Cultivé.

13. LUPINUS L.

L. reticulatus Desv. — *L. linifolius* Roth. — Lieux sablonneux, champs maigres. — Angliers ; Clairvaux ; Tour d'Oyré ; Dangé ;

Les Ormes ; Lathus ; F. de Châtellerault! ; Bonneuil-Matours (Guitteau) ; Cenon ; Vouneuil ; vallée de La Creuse, à Port-de-Piles (Contejean). — RR.

44. FABA Tourn.

F. **vulgaris** Mœnch. — *Vicia faba* L. — Cultivé dans les jardins et en plein champ.

45. VICIA Tourn.

V. **cassubica** L. — Bois montueux. — Vouillé ; Lusignan ; Moulière ; bois de Vareilles ; bois de Fontevrault ; La Guerche ; Coulombiers (Contejean) ; bois au-dessus de Fief-Clairet !. — AR.

V. **Cracca** L. — Haies, buissons, prairies artificielles, moissons, etc. — CC.

V. **tenuifolia** Host. — Haies, prés, moissons. — La Pallu ; Vendeuvre, etc. — AC.

*V. **varia** Host. — *V. villosa* var. *glabrescens* Koch. — Moissons, champs sablonneux. — Lencloître ; Les Ormes ; Loudun ; Lussac ; Montmorillon ; La Berlandrie, etc. — AC.

    * var. *villosa*. — *V. villosa* Roth. — Poitiers, au-dessus du Porteau (Contejean). — AR.

V. **tetrasperma** Mœnch. — *Ervum tetraspermum* L. — Champs, lieux cultivés, buissons. — C.

    var. *gracilis* Coss. et Germ. — *Ervum gracile* DC. — Fonternault ; Ligugé ; Lencloître ; Roc-à-Midi ; Cloué ; Les Ormes ; Montmorillon. — AR.

V. **sepium** L. — Bois herbeux, haies, buissons. — CC.

V. **sativa** L. — Cultivé comme fourrage. — CC.

V. **angustifolia** Roth. — Moissons. — Cette plante offre les variétés suivantes :

    var. *segetalis* (Thuil.). — AR.

    var. *Bobartii* (Forst.). *V. angustifolia* de la Flore de La Vienne. — Migné ; Chardonchamp ; Montamisé ; Montmorillon ; Saint-Chartres ; Fonternault. — R.

    var. *uncinata* Desv. — AR.

V. **peregrina** L. — Moissons des lieux secs. — Saint-Benoît ; Migné ; Lourdines ; Fonternault, etc. — AC.

V. **lutea** L. — Moissons arides, lieux sablonneux. — CC.

V. **lathyroides** L. — Pelouses sablonneuses. — Croutelle ; Gençay ; Pietard ; Angliers. — AR.

46. ERVUM L.

E. **hirsutum** L. — Haies, champs, bois, buissons. — C.

E. **Ervilia** L. — Moissons. — C.

E. **Lens** L. — Cultivé dans les jardins et les champs.

17. **PISUM** L.

P. arvense L. — Cultivé en plein champ, quelquefois subspontané dans les moissons.

P. sativum L. — Cultivé dans les jardins et les champs.

18. **LATHYRUS** L.

L. Aphaca L. — Moissons, lieux cultivés, haies, buissons. — CC.

L. Nissolia L. — Champs, moissons. — Croutelle ; Bignoux ; Châtellerault ; Breuil de Saint-Pierre. – R.

L. sphæricus Retz. — Moissons. — AC.

L. Cicera L. — Moissons. — Environs de Romagnie. — R.

L. sativus L. — Cultivé dans les champs et subspontané dans les moissons.

L. angulatus L. — Champs pierreux incultes, moissons des terrains sablonneux. — Croutelle ; Dissais ; Lencloître ; Bournand ; Angliers ; Romagne, etc. — C.

L. hirsutus L. — Moissons, buissons, bords des chemins. — Saint-Benoît ; Larnay, etc. — C.

L. latifolius L. — Bois, buissons. — Saint-Benoît ! ; Ligugé ; Croutelle ; forêt de Lussac, etc. — AC.

L. sylvestris L. — Buissons, haies. — Champ-Grelet ; Vouneuil-s.-Biard ; Iteuil ; Chantelle ; Lusignan ; Mauvillant ; Lussac. — AR.

L. pratensis L. — Prés, haies humides. — CC.

> Le *L. tuberosus* L. et *L. palustris* L. ont été trouvés, le premier aux environs de Saint-Maixent, et le second dans les marais de Coulon et de Bessines (Deux-Sèvres).

19. **OROBUS** L.

O. tuberosus L. — Bois, buissons. — Saint-Benoît ; Ligugé, etc. — C.

O. albus L. — Prés humides. — Traversonne ; Mirebeau ; Beaudimant ; Beaurepaire ; Arche-de-Fresnaie ; La Motte-Champdeniers ; Coulombiers !. — AR.

O. niger L. — Buissons, bois secs et montueux. — Ligugé ; Nouaillé ; le Thillou ; Moulière ; Saint-Benoît ! ; Lusignan ! ; Château-Larcher, etc. — AC.

20. **ROBINIA** L.

R. Pseudo-Acacia L. — Cultivé dans les haies et sur les promenades publiques.

21. **ONOBRYCHIS** L.

O. sativa Lamk. — *Hedysarum Onobrychis* L. — Cultivé en grand comme fourrage, spontané sur la lisière des bois et sur les coteaux calcaires.

22. COLUTEA L.

***C. arborescens L.** — Bois montueux , rochers. — Bois-de-Vieux (Guyon). — RR.

23. ASTRAGALUS L.

A. glycyphyllos L. — Bois, haies, buissons. — Saint-Benoit ; Por-Séguin, etc. — C.

A. monspessulanus L. — Pelouses des coteaux calcaires. — Auxances ; Moulinet ; Maveaux ; Saint-Georges ; Smarves ; Lussac ; Frozes ; Chiré ; Vendeuvre ; Avanton. — AR.

24. CORONILLA L.

C. varia L. — Champs et coteaux. — C.

C. minima L. — Pelouses sèches des bois et des coteaux calcaires. — Montamisé ; Smarves ; Bellefoy ; Lussac ; Palluau ; Sammarçolles ; Quinçay ; Chiré ; Frozes ; Vendeuvre, etc. — AC.

C. scorpioides Koch. — Moissons et friches calcaires. — Saint-Benoit ; Auxances ; Cissé ; Vouillé ; Marmande, etc. — AC.

25. ORNITHOPUS L.

O. perpusillus L. — Pelouses et champs sablonneux ou granitiques. — Ligugé ; Port-Séguin, etc. — C.

O. compressus L. — Champs et pelouses sablonneuses. — Charassé ; Dissais ; Bonneuil-Matours ; Châtellerault ; Lencloître ; Loudun , etc. — AC.

O. roseus Dufour. — *O. sativus* Brot. — Champs sablonneux. — Chantejeau, près Monts, où il abonde. — RR.

O. ebracteatus DC. — *Arthrolobium* Desv. — Champs et pelouses des lieux sablonneux. — Bonneuil-Matours ; Châtellerault ; Lencloitre ; Angliers ; La Motte-Champdeniers ; Civray. — AR.

26. HIPPOCREPIS L.

H. comosa L. — Pelouses des coteaux calcaires. — CC.

TÉRÉBINTHACÉES.

1. AILANTUS DC.

***A. glandulosa** Desv. — Assez répandu autour des habitations et sur les talus de chemins de fer.

RHAMNÉES.

1. RHAMNUS Lmk.

R. Frangula L. — Lieux frais, bois humides. — CC.

R. catharticus L. — Bois, haies, taillis humides.

R. Alaternus L. — Rochers autour de Poitiers. — Tison ; Le Porteau ; rochers au-dessous de Blossac. — AC.

CELASTRINÉES.

1. EVONYMUS L.

E. europæus L. — Haies et taillis. — CC.

HEDERACÉES.

1. HEDERA Tourn.

H. Helix L. — Murs, rochers, troncs d'arbres. — CC.

2. CORNUS L.

C. sanguinea L. — Haies et broussailles. — CC.

C. mas L. — Cultivé assez fréquemment à Châtellerault et à Loudun.

OMBELLIFÈRES.

1. HYDROCOTYLE L.

H. vulgaris L. — Marais, bords des étangs, prairies spongieuses. — La Cassette ; vallée du Poiré ; Mezeaux ; Montreuil-Bonnin ; Vendeuvre ; marais de L'Envigne, etc. — AC.

2. ERYNGIUM L.

E. campestre L. — Lieux incultes, bords des chemins. — CC.

3. SANICULA L.

S. europæa L. — Bois ombragés, lieux frais. — Bois de Pimpaneau ; Ligugé ; Vouneuil-s.-Biard ; Moulière ; Chiré ; Mezeaux, etc. — AC.

4. BUPLEURUM L.

B. rotundifolium L. — Champs, moissons des terrains calcaires ou sablonneux. — La Tranchée ; Le Porteau , etc. — C.

B. protractrum Link. — Champs et moissons des terrains calcaires. — Montamisé ; Saint-Georges ; Beaumont, Lencloître ; Vaux ;

Messemé ; Chaunay ; **La Tranchée** ; Smarves ; Cissé ; Avanton ; Leugny ; Verrières ; Ternay. — AR.

B. falcatum L. — Bois, vignes, coteaux pierreux, bords des chemins. — Gençay ; Beaumont ; forêt de Châtellerault ; Moulière ; Sammarçolles ; coteaux crétacés de la Tricherie ! ; Ingrandes (Contejean). — **AR.**

B. aristatum Bartling. — *B. Odontites* Sm. — Coteaux arides pierreux, pelouses découvertes. —Rochers de La Tranchée ; Roc-à-Midi ; Passe-Lourdain ; Smarves ; L'Epinette, etc. — AC.

B. tenuissimum L. — Coteaux secs, pelouses arides, bords des chemins. — Les Grands-Ormeaux ; Nouaillé ; Fontaine-le-Comte ; Gençay ; butte de Dandesigny ; Lusignan ; Cloué ; Colombiers ; Vendeuvre ; La Girardière ; Pindray ; Coulombiers (Contejean). — AR.

5. SCANDIX L.

S. Pecten-Veneris L. — Moissons. — CC.

6. ANTHRISCUS Pers.

A. vulgaris Pers. — *Scandix Anthriscus* L. ; *Caucalis scandicina* Roth. — Décombres, bords des chemins, pied des murs. — CC.

A. sylvestris Hoffm. — *Chœrophyllum sylvestre* L. — Prés , haies, bois. — CC.

A. Cerefolium Hoffm. — *Scandix Cerefolium* L. ; *Chœrophyllum sativum* Lmk. — Cultivé et quelquefois spontané dans le voisinage des habitations.

7. CHÆROPHYLLUM L.

C. temulum L. — Haies, buissons, lieux incultes. — CC.

8. CONOPODIUM Koch.

C. denudatum Koch.—*Bunium denudatum* DC. —Prés secs, pelouses découvertes des bois. — La Vacherie ; Croutelle ; Ligugé ; Moulière ; forêt de Châtellerault ; Concise, etc. — C.

9. ÆGOPODIUM L.

Æ. Podagraria L. — Lieux frais et ombragés. — Vouneuil-sous-Biard ; Moulin-Baneaux, près Availles-Limousine ; Veniers ; Saint-Romain ; L'Isle-Jourdain ; bords de La Vienne (Guitteau) ; bords de La Creuse (Contejean). — R.

10. TRINIA Hoffm.

T. vulgaris Hoffm. — *Pimpinella dioica* L. — Pelouses découvertes des bois sablonneux, coteaux arides. — Verneuil ; Chauvigny ; Lussac ; coteaux de Beauregard (Deloynes) ; Le Theil, près Chauvigny. — RR.

11. **APIUM** Hoffm.

A. graveolens L. — Haies et fossés humides. — Blaslay ; Montreuil-Bonnin ; Guesnes ; Jérusalem ; Rouflamme, près Montmorillon. — AR.

> var. *sativum*. — Cultivé.

12. **HELOSCIADUM** Koch.

H. nodiflorum Koch. — *Sium nodiflorum* L. — Fossés, bords des eaux, prairies marécageuses. — CC.

> var. *ochreatum* DC. — *Sium hybridum* Mérat. — Bords des fontaines et ruisseaux. — R.

H. repens Koch. — *Sium repens* L. — Marais fangeux. — La Dive ; Vendeuvre ; Fosse-aux-Paillers ; étang de Jeu. — RR.

H. inundatum Koch. — *Sison inundatum* L. — Mares, fossés, étangs. — Petit-Genest ; Moulière ; forêt de Châtellerault ; étang de Maupertuis (Contejean). — RR.

13. **PETROSELINUM** Hoffm.

P. sativum Hoffm. — *Apium Petroselinum* L. — Cultivé dans les jardins ; assez souvent naturalisé dans le voisinage des habitations. — La Mérigotte ; La Grotte-à-Calvin, etc.

> var. *crispum*. — Cultivé.
>
> var. *latifolium*. — Cultivé.

P. segetum Koch. — *Sison segetum* L. — Haies, bords des champs pierreux. — Flée ; Saint-Benoît ; Smarves ; Charlée ; La Berlanderie ; Frozes ; Cloué ; Lussac ; Ligugé ; Lusignan ; Clan ; Avanton. — AR.

14. **CARUM** L.

C. verticillatum Koch. — *Sison verticillatum* L. — Bois humides, prairies tourbeuses, lieux marécageux. — Fontaine-le-Comte ; bois de Saint-Hilaire ; forêt de Moulière ; forêt de Châtellerault, etc. — AC.

15. **FALCARIA** Host.

F. Rivini Host. — *Sium Falcaria* L. — Champs calcaires, bords des chemins. — C.

16. **SISON** Koch.

S. Amomum L. — Haies humides, fossés, bords des champs. — Port-Séguin ! ; Smarves ! Sanxais ; Gençay ; La Bussière ; Fleuré ; La Berlanderie ; Montreuil ; Lusignan ! ; Cloué ; Lathus ; Ligugé (Contejean). — AR.

17. **AMMI** Tourn.

A. majus L. — Champs, moissons. — Etables ; Neuville ; Gençay ; Triou ; Ayron ; Chauvigny ; Lathus ; Saint-Martin, — **RR**.

18. **SIUM** L.

S. latifolium L. — Fossés, prés marécageux. bords des eaux. — Marais de Sainte-Pezenne (Deux-Sèvres) ; La Verrière ; marais de Bessines. — **RR**.

S. angustifolium L. — *Sium incisum* Pers. — Fossés, ruisseaux. — Pont-Achard ; Saint-Benoît, etc. — **AC**.

19. **PIMPINELLA** L.

P. Saxifraga L. — Pelouses sèches. — **CC**.
> var. *dissecta*. — *P. pratensis* Thuil. — Chiré ; forêt de Châtellerault ; Bonneuil-Matours. — **RR**.

***P. magna** L. — Prés, haies humides, bois frais. — Lathus (Chab.). — **RR**.

P. Anisum L. — Cultivé à Clairvaux et à Lencloître.

20. **FŒNICULUM** Adans.

F. officinale All. — *Anethum Fœniculum* L. — Coteaux arides, lieux pierreux. — Poitiers ; Saint-Benoît ; Biard, etc. — **C**.

21. **SESELI** L.

S. montanum L. — *S. multicaule* Jacq. — Pelouses sèches, bords des chemins, coteaux calcaires. — **CC**.
> *var. *glaucum* Coss. et Germ. — *S. glaucescens* Jord. — Lieux très-arides. — **C**.

S. coloratum Ehrh. — *S. annuum* L. — Coteaux arides, pelouses sèches, landes sablonneuses.— Jérusalem ; Le Beau-Pin ; Guesnes. — **RR**.

22. **ŒNANTHE** Lmk.

Œ. Phellandrium Lmk. — *Phellandrium aquaticum* L. — Mares, fossés, étangs marécageux.— Le Clain, au Pont-Neuf, etc. — **C**.

Œ. fistulosa L. — Fossés, étangs et marécages. — **CC**.

Œ. Lachenalii Gmel.— Prés marécageux. — La Pallu ; L'Envigne ; La Briande ; Antran ; marais de Brossart, près Cloué ; Saint-Romain, etc. — **AC**.

Œ. peucedanifolia Poll. — Prés humides, lieux marécageux.— **C**.

Œ. pimpinelloides L. — Prés, bois. — La Rouerie ; La Pinterie ; Saint-Remy ; Croutelle ! ; Fontaine-le-Comte ; bois du Léjat ; route de Lusignan à Vivône ! ; Mousseaux ; Coulombiers .— **AR**.

Œ. **crocata** L. — Bords des ruisseaux. — Commun à Thouars, sur nos limites.

23. **SILAUS** Besser.

S. pratensis Besser. — *Peucedanum Silaus* L. — Lieux humi'es ou marécageux. — CC.

24. **SMYRNIUM** L.

***S. Olusatrum** L. — Haies, lieux un peu couverts. — Saint-Remy (Delacroix) ; Montmorillon (Chab.) ; Vaux (Guyon) ; Château-Larcher (Delacroix). — RR.

25. **BIFORA** Hoffm.

B. testiculata Spreng. — *Coriandrum testiculatum* L. — Moissons. — Saint-Benoît ; Smarves ; Ouzilly-Vignolles ; Les Dunes de Poitiers ; Montbernage ; Migné ! ; Moulinet ; Frozes ; Saint-Sauvant ; Lusignan ; Ligugé ; Les Lourdines ; Avanton !. — AC.

26. **CORIANDRUM** L.

C **sativum** L. — Cultivé à Clairvaux et à Lencloître.

27. **CONIUM** L.

C. **maculatum** L. — Lieux frais, décombres. — Poitiers ; Châtellerault ; Loudun ; Auxances, etc. — AC.

28. **ÆTHUSA** L.

Æ. **Synapium** L. — Lieux frais et cultivés. — CC.

29. **TORDYLIUM** Tourn.

T **maximum** L. - Haies, coteaux secs et pierreux. — CC.

30. **PEUCEDANUM** Koch.

P. **parisiense** DC. — *P. officinale*. — Landes et bois. — CC.

P. **Cervaria** La Peyrouse. — *Athamanta Cervaria* L. — Bois et coteaux calcaires — Vignes entre Croutelle et Chaumont ; Rouet ; Bois-au-Roi ; Saint-Mars, près Bonneuil-Matours ! ; Saint-Savin ; bois du Léjat ; Pindray ; Marigny-Brizais ; Leugny ; Méré ; Saint-Remy. — AR.

P. **Oreoselinum** Mœnch. — *Athamanta Oreoselinum* L. — Bois sablonneux. — Forêt de Châtellerault ; Fond-Pourri ; Clairvaux ; Lencloître ; Guesnes ; Jérusalem ; La Motte-Champdeniers. — AC.

31. HERACLEUM.

H. Sphondylium L.— Prés humides, bords des fossés. — CC.
MM. Jordan et Boreau ont divisé cette espèce en 4 : *H. pratense* Jord. ; *H. æstivum* Jord. ; *H. occidentale* Bor. ; *H. armoricum* Bor.).

32. PASTINACA Tourn.

P. sativa L. — Lieux incultes, haies. — CC.

33. ANETHUM Tourn.

A. graveolens L. — Moissons et champs calcaires. — Flée ;
Neuville ; La Chaussée ; Angliers ; Avanton ; Vançais. — RR.

34. ANGELICA L.

A. sylvestris L. — Bords des ruissseaux, fossés humides. — Saint-Benoit ! ; Vallée du Poiré ; Mezeaux, etc.— C.

35. LASERPITIUM L.

L. latifolium L. — Bois montueux, rochers. — Fief-Clairet ; Croutelle ; Ligugé ! ; Boivre ; La Motte-Champdeniers ; forêt de Vouillé ; forêt de L'Epine, etc. — AC.

36. DAUCUS Tourn.

D. Çarota L. — Prairies, bords des chemins. — CC.

37. ORLAYA Hoffm.

O grandiflora Hoffm. — *Caucalis grandiflora* L. — Champs, moissons des terrains calcaires. — Flée ; Moulinet ; Migné ; Lourdines ; La Cueille ; Montbernage ; Breuil-L'Abbesse ; Vendeuvre ; Avanton, etc. — C.

38. CAUCALIS Hoffm.

C daucoides L. — Moissons maigres, champs en friche. — CC.

39. TURGENIA Hoffm.

T. latifolia Hoffm. — *Caucalis latifolia* L. ; *T. latifolium* L. — Champs et moissons. — CC.

40. TORILIS Adans.

T Anthriscus Gmel. — *Tordylium Anthriscus* L. — Haies, buissons. — CC.

T. helvetica Gmel. — *Scandix infesta* L. ; *T. infesta* Dub. ;

Caucalis arvensis Huds. — Champs arides, lieux pierreux, moissons. — CC.

***T. heterophylla** Guss. - Haies, broussailles, lieux secs. — Champagné-Saint-Hilaire (Guyon) ; Poitiers ; Saint-Benoît ; Ligugé (Contejean), etc. — AC.

T. nodosa Gœrt. — *Caucalis nodiflora* Lamk. ; *Tordylium nodosum* L. — Coteaux incultes, bords des champs. — C.

LORANTHACÉES.

1. VISCUM Tourn.

V. album L. — Parasite sur les vieux arbres, fréquemment sur les poiriers, pommiers, peupliers, aubépines, etc., très-rarement sur le chêne. Il a été trouvé sur cet arbre dans les Deux-Sèvres, à la Reversière, près Lezay ; aux Ouches et à Champdeniers.

CAPRIFOLIACÉES.

1. ADOXA L.

A. Moschatellina L. — Lieux frais ombragés. — Bois des Ages ; coteaux boisés près Concise (Delacroix) ; Bourg-Archambault (Pauvert). - RR.

2. SAMBUCUS L.

S. Ebulus L. — Champs, bords des fossés. — CC.
S. nigra L. — Haies, bois ; souvent planté dans les parcs. — CC.

3. VIBURNUM L.

V. Opulus L. — Lieux couverts au bord des eaux. — Saint-Benoît ! ; vallée du Poiré ; Croutelle ; Vouneuil-s.-Biard !, etc. — AC.
V. Lantana L. — Bois, haies, coteaux calcaires. — CC.

4. LONICERA L.

L. Periclymenum L. — Haies, bois. — C.
L. Caprifolium L. — Cultivé partout et naturalisé dans quelques haies. — CC.
L. Xylosteum L. — Haies, buissons, bois pierreux calcaires. — C.

RUBIACÉES.

1. RUBIA Tourn.

R. peregrina L. — Haies, broussailles. - C.
R. tinctorum L. — Haies, buissons, vieux murs, murailles des vieux châteaux. — Blossac ; Château de Chauvigny. — RR.

2. GALIUM L.

G. tricorne Withering. — Moissons. — CC.

G. Aparine L. — Haies, buissons, lieux cultivés. — CC.

G. anglicum Huds. — Champs et lieux secs. — Saint Benoît : Chantelle ; Croutelle ! ; Gençay ; Civray ; Lussac ; Montmorillon, etc. — C.

G. uliginosum L. — Prés marécageux. — Smarves ; La Pallu ; La Dive ; Brossard, près Cloué, etc. — AC.

G. palustre L. — Fossés, mares, bords des eaux. — C.

    * var. *elongatum* (Presl.). — Fossés, lieux humides. — La Boivre ; bords de La Vienne, du Clain, etc. — C.

    var. *debile* — *G. debile* Desv. ; *G. constrictum* Chaub. — Marais tourbeux, bords des mares. — La Croix-Bérard ; Moulière ; forêt du Rond ; marais de la maison Hode ; Saint-Benoît ; Roc-à-Midi. — RR.

G. saxatile L. — Rochers humides ; bois montueux, lieux tourbeux. — Rochers granitiques entre L'Isle-Jourdain et Availles-Limousine. — RR.

G. sylvestre Poll. — Bois, pelouses des coteaux calcaires. — Passe-Lourdain ; Poitiers ; Larnay, etc. — CC.

    var. *læve* (Thuil.). — Saint-Benoît ; Biard, etc. — CC.

    * var. *Timeroyi* Jord. — Smarves ; Passe-Lourdain ; Lussac ; Montmorillon. — R.

***G. boreale** L. — Bois, prés, bruyères. — Prairie de Gaborit ; Maupertuis, près Coulombiers (Letourneux) ; prairies de La Bouleur (Guyon). — RR.

G. Mollugo L. — Prairies, pâturages, haies, buissons. — CC.

    * var. *elatum* (*G. elatum* Thuill. — *G. Mollugo* L. *pro parte.* — Haies, bois. — Chiré ; La Guenetière ; Ligugé. etc. — C.

    * var. *erectum* — *G. erectum* Huds ; *G. lucidum* Koch. — Lieux secs, pâturages, broussailles. — C.

G. verum L. — Prés secs, bords des bois. — CC.

G. Cruciata Scop. — Haies, buissons, lieux incultes. — C.

3. ASPERULA L

A. galioides Bieb. — *Galium glaucum* L. — Coteaux, lieux secs et pierreux. — Paché ; Bellefoiy ; Traversonne ; Vouillé. — R.

A. cynanchica L. — Pelouses des terrains calcaires. — CC.

A. odorata L — Bois couverts. — Ligugé ; vallée du Poiré ; Moulière ; Couhé. — R.

A. arvensis L. — Moissons. — CC.

4. SHERARDIA L.

S. arvensis. — Champs, lieux cultivés. — CC.

5. CRUCIANELLA L.

C. angustifolia L. — Coteaux arides, rochers calcaires. — Le Porteau : Biard ; Lessart ; Roc-à-Midi ; Passe-Lourdain ; Smarves, Frozes ; Vendeuvre ; Marmande ; Petit-Cenon, etc. — AC.

VALÉRIANÉES.

1. VALERIANA L.

V. officinalis L. — Bois, buissons humides, fossés, ruisseaux. — Poitiers ; Lusignan, etc. — AC.

V. dioica L. — Prés marécageux. — Saint-Benoît ; Ligugé ; Mezeaux ; La Pallu ; Briande ; marais de L'Envigne ; Vendeuvre, etc. — AC.

2. CENTRANTHUS DC.

C. latifolia Dufresne. — *Val. rubra* L. — Naturalisé sur les vieux murs, décombres. — AC.

3. VALERIANELLA Tourn.

V. olitoria Poll. — *Valeriana Locusta.* var. *olitoria* L. — Lieux cultivés, champs, vignes, vieux murs. — CC.

V. carinata Lois. — Lieux cultivés, champs, vignes, vieux murs. — CC.

V. auricula DC. — Lieux cultivés, champs en friche, moissons. — CC.

> var. *pubescens* Coss. et Germ. — Clairvaux ; Les Coubillons ; Raslay. — R.

V. Morisonii DC. — *V. dentata* Koch. — Prés et moissons. — R.

> var. *pubescens* (Mérat). — Smarves ; Les Rivières, près La Motte-Champdeniers. — AR.

V. eriocarpa Desv. — Coteaux, pelouses sèches. — Saint-Benoît ; Migné ; Lourdines ; Cloué ; Frozes, etc. — AC.

V. coronata DC. — *V. hamata* Bast. — Moissons sablonneuses. — Chiré ; Frozes ; Lencloître ; Loudun, etc. — C.

DIPSACÉES.

1. DIPSACUS L.

D. sylvestris Mill. — *D. fullonum* var. A. L. — Bords des champs, lieux incultes. — CC.

D. Fullonum Willd. — Cultivé pour les manufactures de drap. — Château-Larcher ; Le Pin, etc.

D. pilosus L. — *Cephalaria pilosa* Gr. et God. — Lieux frais et ombragés, bords des ruisseaux, haies, buissons. — Port de Lavairé ; La Marincrie ; Couhé ; Saint-Genest ; moulin de Vaux. — RR.

2. KNAUTIA Coult.

K. arvensis Coult. — *Scabiosa arvensis* L. — Prairies, champs, lisières des bois. — C.

K. sylvatica Duby. — Bois, haies humides. — Adriers ; environs de L'Isle-Jourdain. — RR.

3. SCABIOSA L.

S. Columbaria L. — *Succisa pratensis* Mœnch. Coteaux arides, bois secs. — CC.

S. Succisa L. — Prés, pâturages, clairières des bois. — CC.

SYNANTHÉRÉES.

1. BIDENS L.

B. tripartita L. — Bords des eaux, marais. — La Cassette ; Saint-Benoît, etc. — C.

B. cernua L. — Bords des eaux. — Pont-Achard ; La Cassette ; Flée ; Traversonne ; bords de La Vienne ; Châtellerault ; Cenon. — AR.

    var. *radiata* — *Coreopsis bidens* L. — Bords de La Vienne ; Châtellerault ; Cenon. — AR.

2. HELIANTHUS L.

H. annuus L. — Fréquemment cultivé dans les jardins et les vignes.

H. tuberosus L. — Cultivé en grand dans les jardins et les champs.

3. ACHILLEA L.

A. Millefolium L. — Pelouses sèches, bords des chemins. — CC.

A. Ptarmica L. — Prés, lieux humides. — La Cassette ; Dissais ; Gençay ; Le Pin, près Châtellerault ; bords de la Vienne ; Lusignan ; L'Envigne ; L'Ozon ; La Gartempe ; Moussac ; Coulombiers, etc. — AC.

4. ANTHEMIS L.

A. mixta L. — Champs sablonneux. — Les Breuil ; Chantelle ; bors de La Vienne ; Châtellerault ; Loudun, etc. — AC.

A. nobilis L. — Pelouses , chemins. — AC.

A arvensis L. — Champs sablonneux, lieux cultivés. — Smarves ; Lavayré ; Vivône ; Couhé ; Gençay ; Persac ; Buxerolles ; Bonnillet ; Chiré, etc. — AC.

A. Cotula L. — Moissons, champs, lieux cultivés, bords des chemins. — CC.

5. BELLIS L.

B. perennis L. — Pelouses, prairies, pâturages, bords des chemins. — CC.

6. MATRICARIA L.

M. Chamomilla L. — Champs incultes. — Champagné-Saint-Hilaire ; Cenon. — RR.

M. inodora L. — *Chrysanthemum inodorum* L. — Moissons, lieux pierreux, bords des chemins. — CC.

7. PYRETHRUM Gærtn.

P. corymbosum Willd. — *Chrysanthemum corymbosum* L. — Rochers, bois montueux. — Le Porteau ; forêt de Lussac ; Saint-Remy (Delacroix) — RR.

P. Leucanthemum Coss. et Germ. — *Chrysanthemum Leucanthemum* L. ; *Leucanthemum vulgare* Lmk. — CC.

P. Parthenium Sm. — *Matricaria Parthenium* L. — Lieux incultes, près des habitations, décombres. — Poitiers ; Sanxais ; Champagné-Saint-Hilaire ; La Motte-Champdeniers ; Champdorin ; Chiré. — RR.

8. CHRYSANTHEMUM DC.

C. segetum L. — Champs argileux. — Smarves ; Montamisé ; Les Bordes ; Charassé ; Lusignan ; Persac ; Romagne ; Coursec ; Villesalem. — AR.

9. CALENDULA L.

C. arvensis L. — Vignes , lieux cultivés. — CC.

10. DORONICUM L.

D. plantagineum L. — Bois sablonneux, taillis. — Bois de Fontevrault ; La Touche-Poupart, près Saint-Maixent (Deux-Sèvres). — RR.

11. INULA L.

I. Helenium L. — Prairies humides, haies, bois, fossés. — Batard ;
Reigner, près Gençay ; Châlais ; bois de La Folie. — RR.

I. salicina L. — Bois secs, prés humides. — Nouaillé ; Moulière ;
Bois-au-Roi ; Vendeuvre ; Avanton ; Pisé ; La Table-aux-
Loups ; Saint-Remy ; Saint-Genest ; Pindray. — AC.

I. montana L. — Lieux secs, bords des bois. — Saint-Martin-La-
Rivière ; Pampeluno, près Pindray ; Villars. — RR.

I. graveolens Desf. — *Erigeron graveolens* L. ; *Solidago graveolens* Lamk. — Saint-Éloi ; Les Breuil ; Vendeuvre ; Ouzilly ;
Lathus, etc. — AC.

I. britannica L. — Bords des eaux, fossés humides. — L'Envigne ;
La Vienne, aux environs de Châtellerault ; Verrières, près Loudun ;
Port-de-Piles. — RR.

I. dysenterica L. - Bords des fossés, ruisseaux. — CC.

I. Pulicaria L. — Lieux inondés l'hiver. — Les Grands-Ormeaux ;
Le Breuil, etc. — C.

I. Conyza DC. — *Conyza squarrosa* L. — Pelouses et coteaux secs.
— C.

12. ERIGERON L.

E. acris L. — Coteaux de Saint-Benoît ; Roc-à-Midi, etc. — C.

E. canadensis L. — Décombres, bords des chemins. — CC.

13. SOLIDAGO L.

S. Virga-aurea L. — Bois et landes. — CC.

*ˣ**S. canadensis** L. — Naturalisé à La Gère, près Bois-Frémin, et à
Vouillé.

***S. glabra** Desf. — Spontané aux bords de La Vienne, à Saint-
Romain ; Chiré (Delacroix).

14. SENECIO L.

ˑ**S. adonidifolius** Lois. — *S. artemisiæfolius* Pers. — Coteaux arides,
pelouses montueuses. — Saulgé ; L'Age-Gassin ; Les Arcis, entre
La Trimouille et Villesalem ; étang de La Planche-aux-Groux
(Lloyd). — RR.

S. erucæfolius L. — *S. tenuifolius* L. — Haies, bois frais. — Saint-
Benoît ; Croutelle ; Chantelle ; Bonneuil-Matours ; forêt de Châ-
tellerault ; bois de La Folie ; Vaux ; Saint-Remy ; Méré, etc.
— C.

S. Jacobæa L. — Fossés, bords des chemins, haies, prairies. — CC.

S. aquaticus Huds. — Prés marécageux. — Saint-Benoît ; Fontaine ; Preuilly ; Mezeaux ; Liguge. — AC.

S. sylvaticus L. — Bois sablonneux. — Forêt de Moulière ; de
Châtellerault ; de Lussac ; Guesnes, etc. — AC.

S. viscosus L. — Coteaux, champs pierreux. — Saint-Benoît ; Naintré ; Chardonchamp ; Grand-Pont ; Chiré ; Vouillé ; Angles ; Avanton ; Saint-Genest. — AR.

S. vulgaris L. — Lieux cultivés. — CC.

15. TUSSILAGO L.

T. Farfara L. — Lieux humides argileux ou calcaires. — Saint-Benoît ; Grand-Pont ; Ligugé ; Iteuil ; Neuville, etc. — C.

16. PETASITES Tourn.

P. vulgaris Desf. — *Tussilago Petasites* L. — Prés humides, bords des eaux. — Moulin de Nechon, près Montmorillon ; Fontaine de Brejeuil, près Couhé ; La Motte-Champdeniers. — RR.

17. EUPATORIUM L.

E. cannabinum L. -- Bords des eaux , fossés, lieux marécageux. — CC.

18. GNAPHALIUM L.

G. sylvati-cum L. — Bois montueux, bruyères. — Couhé ; Duplessis ; forêt de Mareuille ; forêt de Lussac ; Belleperche (Haute-Vienne), sur nos limites. — RR.

G. luteo-album L. — Champs sablonneux. — Passe-Lourdain ; Croutelle ; Chéneché ; Lencloître ; Châtellerault ; Angliers ; Petit-Genest ; Vendeuvre, etc. — AC.

G. uliginosum L. — Lieux marécageux ou inondés l'hiver. — CC.

G. dioicum L. — Pelouses sèches et montueuses des taillis, bruyères. — Le Deffend ; Rouhet. — RR.

19. FILAGO Tourn.

*****F. spathulata** Presl. — *F. germanica*. var., *spathulata* DC. — Champs, lieux cultivés, bords des chemins. — CC.

F. germanica L. — *Gnaphalium germanicum* Lam. K. — Champs, lieux cultivés, vignes, bords des chemins. — CC.

   *var. *canescens* (Jord.).

   * var. *lutescens* (Jord.). — Bellefoy ; Poitiers ; Loudun ; Dangé. — C.

F. arvensis L. — *Gnaphalium arvense* Willd. — Champs secs ou sablonneux. — Naintré ; La Mataudrie ; Lourdines ; Lussac ; Montmorillon ; Châtellerault. — AC.

F. montana L. — Lieux incultes, coteaux sablonneux ou pierreux. — Saint-Benoît ; Fief-Clairet ; Naintré ; Ligugé, etc. — C.

F. gallica L. — Champs sablonneux, lieux secs. — Saint-Benoît ; Passe-Lourdain ; Ligugé ; Port-Séguin, etc. — C.

20. MICROPUS L.

M. erectus L. — Coteaux arides. — Flée ; Passe-Lourdain ; Biard ;
Croix-Saint-Félix, entre Smarves et Port-Séguin, etc. — AC.

21. ARTEMISA L.

A. campestris L. — Landes et bois sablonneux. — Blaslay ; Dissais ;
forêt de Châtellerault ; Lencloître ; Guesnes ; Jérusalem ; Montreuil-Bonnin, etc. — C.

A. vulgaris L. — Bords des fossés, lieux incultes. — Sanxay ;
Chéneché ; Blaslay ; Dissais ; Lencloître ; Ligugé, etc. — AC.
très-commun le long de la Creuse et de La Vienne.

22. TANACETUM L.

T. vulgare L. — Lieux incultes, champs pierreux ; assez fréquemment cultivé dans les jardins. — Plaine entre Ozon et Targé ;
Saint-Genest ; Marçay. — RR.

23. ECHINOPS L.

E. Sphærocephalus L. — Coteaux pierreux, lieux incultes. —
Coteau de Tison ; cimetière de Loudun ; coteaux de La Gartempe (Chab.). — RR.

24. XERANTHEMUM L.

X. cylindraceum Smith. — Champs et collines arides. — Les Dunes,
près Montbernage ; Chantelle ; Bonneuil-Matours ; Marcoux ;
Saint-Remy ; Marmande. — AR.

25. CRUPINA Cass.

C. vulgaris Coss. — Coteaux arides incultes. — Grotte-à-Calvin ;
Roc-à-Midi ; Fonternault ; Vieilles-Lourdines. — RR.

26. CENTAUREA L.

C. Jacea L. — Prairies, coteaux arides. — CC.

    s.-var. *serotina* (Boreau). — *C. amara* Thuil. — Lieux très-
    arides. — La Cossonnière ; Mauroc ; Saint-Benoît. — C.

    var. *B. intermedia* Coss. et Germ. — *C. decipiens* Thuil ; *C. pra-
    tensis* Thuil. — Prés et pelouses. — CC.

    var. *V. nigra* — *C. nigra* L. *C. microptylon* Gr. et God. — Bois,
    buissons, prés couverts. — Croutelle ; Ligugé ; Nouaillé ;
    Lussac ; Les Ormes, etc. — AC.

C. montana L. — Bois et prés ombragés.

    var. *lugdunensis* (Jord.) — *C. montana angustifolia* Auct. —
    Bois et prés ombragés. — Boussageau ; Marigny-Brizay ;
    bois de Paché ; Avanton. — RR.

C. Cyanus.L — Moissons et champs secs. — C.

C. Scabiosa L. — Moissons, prairies artificielles. — C.

C. trichacantha DC. — Bords des chemins. — Cissé ; Chabournais ; Jaulnay. — RR.

C. calcitrapa L. — Bords des chemins. — CC.

27. **KENTROPHYLLUM** Necker.

K. lanatum Duby. — *Carthamus lanatus* L. — *Centaurea lanata* DC. — Champs pierreux, bords des chemins. — C.

28. **LAPPA** Tourn.

L. communis Coss et Germ. — Bords des chemins, lieux incultes, etc. ; haies et buissons.

    var. *minor*. — (*L. minor* DC.). — CC.

    var. *major*. — (L. major DC.). — Poitiers ; Gençay ; Châtellerault ; Loudun, etc. — AC.

    var. *tomentosa* — L. tomentosa Lamk. — Lussac ; moulin de Niorteau ; Archambault ; Villiers ; Saint-Romain ; Ingrandes. — RR.

29. **SERRATULA** L.

S. tinctoria L. — Bois et bruyères. — CC.

30. **CARDUUS** L.

C. tenuiflorus Smith. — Bords des chemins, décombres, pied des murs. — CC.

C. crispus L. — Bords des chemins, lieux incultes. — None ; L'Isle-Jourdain ; rochers du Pré, près Angles ; bords de La Vienne, à Saint-Romain ; Palaise. — RR.

C. nutans L. — Champs incultes, bords des chemins. — CC.

31. **ONOPORDON** L.

O. Acanthium L. — Lieux incultes, bords des chemins. — CC.

32. **SILYBUM** Vaillant.

S. Marianum Gærtn. — Carduus Marianus L. — Fossés, bords des champs. — La Tricherie ; Martaisé ; Arçay, Moncontour ; La Grimaudière. — RR.

33. **CARDUNCELLUS** DC.

C. mitissimus DC. — *Carthamus mitissimus* L. — Pelouses des terrains calcaires. — Les Prés ; Saint-Georges ; Dissais ; Lussac ; Butte-de-Pimparé ; La Foucardière ; Marigny-Brizay. — Coteaux de L'Auxances ; coteaux du Miosson. — AR.

34. CYNARA L.

C. Scolymus L. — Cultivé en grand à Ouzilly ; Clairvaux , etc.

35. CIRSIUM Tourn.

C. palustre Scop. — Prés et bois humides. — Mezeaux ; Croutelle ;
Vouneuil-sous-Biard , etc. — C.

C. lanceolatum Scop. — Bords des chemins, pied des murs. — CC.

C. spurium Delast. — *C. uliginosum* fl. de La Vienne. — Prés marécageux au-dessus du pont de Ressan, près Valette. — RR.

C. acaule All. — *C. acaulis* L. — Prés et pelouses sèches. — CC.

C. eriophorum Scop. — *Carduus eriophorus* L. — Bords des chemins. — Saint-Benoît ; Ligugé ; Moulinet ; Etables ; La Motte-
Champdeniers , etc. — AC.

C. bulbosum DC. — Prés et bois frais. — Chéneché ; La Pallu ;
Moulière ; Châtellerault ; Loudun ; Port-Séguin ; Chiré ; Piloué. — AR.

C. anglicum Lamk. — Prés marécageux. — La Cassette ; Mezeaux ;
Latillé ; Jérusalem ; Briande. — AC.

C. arvense Lamk. — Champs, vignes. — CC.

36. CARLINA Tourn.

C. vulgaris L. — Coteaux arides. — CC.

37. SCOLYMUS L.

S. hispanicus L. — Sables, décombres, lieux pierreux. — Bords du
chemin de Bapteresse ; remblais de la gare de Châtellerault. —
RR.

38. LAPSANA L.

L. communis L. — Lieux cultivés, haies. — CC.

39. ARNOSERIS Gærtn.

A. minima Koch. — *Hyoseris minima* LC. *A. pusilla* Gærtn. —
Moissons, champs sablonneux arides.

40. CICHORIUM L.

C. Intybus L. — Pâturages secs, bords des chemins. — CC.

41. TOLPIS Adanson.

T. umbellata Pers. — Coteaux arides ou sablonneux. — Biard ;
Smarves ; Port-Séguin ; Mauvillan ; L'Isle-Jourdain ; bois de Pins ;
Montmorillon ; Moulimes, etc. — AR.

42 PRENANTHES L.

P. mularis L. —*Lactuca muralis* Fresn. *Phœnixopus muralis* Coss. et
Germ. — Vieux murs, bois frais, lieux ombragés. — Grotte-à-
Calvin ; Saint-Benoît ; Vouneuil ; Lusignan ! ; Couhé. — AR.

43. SONCHUS L.

S. oleraceus L. *S. ciliatus* Lamk. — Lieux cultivés. — CC.

S. asper Villar. — *S. spinosus* Lamk. — Lieux cultivés, coteaux,
vieux murs. — Le Pré, près d'Angles. — RR.

S. arvensis L. — Lieux cultivés, bords des champs , vignes. —
Smarves ; Traversonne ; Biard, etc. — AC.

S. maritimus L. — Prés marécageux. — Moulin de Douault ; bords
de la Dive, près La Motte-Bourbon ; marais d'Angliers ; bords
de La Pallu, non loin de Vendeuvre (Contejean). — R.

44. ANDRYALA L.

H. integrifolia L. — Lieux incultes et sablonneux. —AC.

45. HIERACIUM L.

H. Pilosella L. — Pelouses et coteaux secs. — CC.

H. Auricula L. — Pelouses, bois humides, bords des fossés. — Flée ;
Petit-Genest ; La Reynière ; Thiours ; Lésigny ; La Meunière ;
Adriers ; Vouillé ; Vellèches, etc. — AC.

H. murorum L. — Murs, bois, coteaux pierreux. — CC.

H. sylvaticum Smith, DC. — Bois et coteaux frais, vieux murs.—
Pont-Achard ; arcs de Parigny ; Saint-Benoît ; Moulière ; forêt
de Châtellerault. — C.

H. lævigatum Willd. — *H. tridentatum* Fries. ; *H. rigidum* Hart.
— Bois. — Chaumont ; Piloué ; Chiré ; Pindray (Chab.). — AC.

var. *boreale* Coss. et Germ. — *H. boreale* Fries. — AC.

H. Sabaudum L. — Bois , bruyères, buissons des coteaux arides. —
Lavayré ; La Marinière ; Ligugé ; Poitiers ; Vouillé ; Concise ;
Montmorillon. — AR.

H. umbellatum L. — Bois. buissons, bruyères, coteaux arides.

Les 5 dernières espèces sont excessivement variables. Elles
renferment, d'après MM. Boreau et Jordan, un très-grand
nombre de types distincts. Nous indiquons ceux qui ont été
signalés dans la Vienne.

H. fragile Jord. — Saint-Benoît ; Croix-Pontailler.

H. ovalifolium Jord. — Chiré ; Piloué ; les Morins ; Les Récardières ; Saint-Romain ; Pindray (Chab.).

H. brevipes Jord. — Bois de Saint-Remy ; Mauroc.

H. Pollichiæ Ch. Schultz. — Mousseaux, près Les Ormes.

H. rarinervium Jord. — Saint-Remy-sur-Creuse.

H. tinctum Jord. — Chiré ; Poitiers.

H. onosmoides Fries. — Bipont ; Chiré ; Piloué ; Les Morins ; Les Récardières.

H. Cheirense Jord. — Saint-Romain-sur-Vienne.

H. laciniosum Jord. — AC.

H. gallicum Jord. — Bois de Ligugé.

H. dumosum Jord. — La Guenetière ; Garenne de Chiré ; bois de Piloué.

H. obliquum Jord. — Châtellerault ; Lusignan.

H. indolatum Jord. — Coteaux de La Vienne ; La Guenetière ; Chiré.

H. virgultorum Jord. — Chiré ; Piloué ; Saint-Romain.

H. quercetorum Jord. — Ligugé.

H. rigens Jord. — Bonneuil-Matours.

H. pictaviense Sauzé. — Saint-Romain-sur-Vienne.

H. Borœanum Jord. — Bois de la Guerche ; Saint-Remy-sur-Creuse.

H. nœruliferum Jord. — Bois du Touffenet.

46. CREPIS L.

C. Nicæensis Balbis. — *C. scabra* DC. — Coteaux, pelouses arides. — Saint-Benoît ; Vouneuil ; Béruges ; Château de Beaumont ; Saint-Romain. — RR.

C. biennis L. — Prairies humides, marécages. — Trouvé dans la Haute-Vienne, sur nos limites.

C. virens Villars. — Prés et bords des champs. — CC.

C. pulchra L. — Bords des chemins, coteaux calcaires, vignes, lieux pierreux. — C.

47. BARKHAUSIA Mœnch.

B. fœtida DC. — *Crepis fœtida* L. — Bords des chemins, lieux pierreux arides. — C.

B. taraxacifolia DC. — Champs, prairies, talus des chemins de fer. — CC.

***B. setosa** DC. — Champs, vignes, prés. — Troupeau, près Ceaux ; sac ; Montmorillon ; Poitiers, etc. — Envahissant. — C.

48. LACTUCA L.

L. virosa L. — Bords des champs, lieux secs. — C. Blossac, etc.

L. Scariola L. — Bords des chemins, lieux incultes pierreux, terrains remués. — C.

L. saligna L. — Bords des champs, coteaux calcaires. — C.

L. perennis L. — Coteaux pierreux, champs calcaires, talus des chemins de fer. — Saint-Benoît; Montamisé ; Chardonchamp; Migné ; Loudun ; Civray ; Lussac, etc. — AC.

L. sativa L. — Cultivé dans les jardins potagers.

    var. *romana* Coss. et Germ.

    var. *capitata* Coss. et Germ.

    var. *crispa* Coss. et Germ.

49. CHONDRILLA L.

C. juncea L. — Lieux pierreux, champs arides. — CC.

50. TARAXACUM Juss.

T. Dens-leonis Desf. — *Leontodon Taraxacum L.* ; *T. officinale* Wigg.

    var. α. *Dens-leonis* Coss. et Germ. — *T. maculatum* Jord. — Pelouses, prairies, bords des chemins. — CC.

    var. β. *lœvigatum* Coss. et Germ. — *Leont. lœvigatus* Willd. — *T. lœvigatum* DC. — Lieux secs, terrains sablonneux ; bords des chemins. — Montbernage ; Saint-Romain ; Lussac, etc. — C.

    var. γ. *palustre* Coss. et Germ. — *Leontodon palustris* Sm. ; *T. palustre* DC. — Prés humides, bords des eaux. — Mezeaux ; vallée du Poiré ; ruisseau de Journet. — AR.

51. HYPOCHŒRIS L.

H. maculata L. — Bois et bruyères. — Verrières, bois de La Folie ; La Motte-Champdeniers ; les Forest, près Moulîmes ; forêt de Châtellerault ; La Berlanderie. — RR.

H. radicata L. — Bords des chemins, prés, bois. — CC.

H. glabra L. — Champs sablonneux. — Dissais ; Port-Séguin ; Clairvaux ; Lencloître ; Angliers ; Bournand ; bords de La Vienne ; Les Breuil. — AR.

52. HELMINTHIA Juss.

H. echioides Gærtn. — *Picris echioides* L. — Champs, bords des chemins et des fossés. — AC.

53. TRAGOPOGON L.

T. pratensis L. — Lisières des bois, prés humides. — Pindray (Chab.); Saint-Remy (Delacroix). — AR. — Confondu par Delastre avec le *T. orientalis*.

*T. orientalis** L. — Prés, pâturages. — C.

T. major Jacq. — Coteaux pierreux, prés secs, bords des chemins. — C.

T. porrifolius L. — Cultivé pour sa racine alimentaire ; quelquefois subspontané dans le voisinage des habitations.

54. **PODOSPERMUM** DC.

P. laciniatum DC. — *Scorzonera laciniata* L. — Bords des champs.
décombres, vieux murs. — Dunes de Poitiers ; Saint-Benoît,
etc. — C.

> var. *β*. **calcitrapræfolium.** (Vahl.). — Bords des chemins. —
> La Roche ; Pont–Achard. — RR.

55. **SCORZONERA** L.

S. humilis L. — *S. plantaginea* Schleicher. — Prés, lieux marécageux. — CC.

> var. *angustifolia* (Wigg). — Landes marécageuses. — La
> Motte-Champdeniers, etc. — AC.

S. Austriaca Willd. — *S. humilis* Jacq. — Pelouses sèches des
terrains sablonneux. — Etang Berlan. — RR.

S. hispanica — L. — Cultivé pour sa racine alimentaire ; quelquefois subspontané sur les coteaux, les vieux murs. — Poitiers ,
Pimparé. — AR.

56. **PICRIS** L.

P. hieracioides L. — Champs et coteaux pierreux. — CC.

P. crepoides Sauter ? — Bois frais. — Forêt de Ligugé ; Saint-
Savin. — RR.

57. **LEONTODON** L.

L. autumnalis L. — Fossés, bords des eaux, prairies. — Poitiers ;
Saint-Benoît, etc. — C.

L. hispidus L. — *L. hastilis* Koch. — Pelouses sèches ou humides,
lieux incultes, coteaux calcaires. — C.

> var. *hastilis* Coss. et Germ. — *L. hastilis* L. — Prés au bas
> des rochers qui bordent l'Anglin, au-dessus d'Angles. —
> RR.

58. **THRINCIA** Roth.

T. hirta Roth. — *Leontodon hirtus* L. — Champs arides , pelouses
sèches ou humides. — CC.

AMBROSIACÉES.

1. **XANTHIUM** Tourn.

X Strumarium L. — Bords des chemins, fossés, lieux inondés
l'hiver. — Lencloître ; Clairvaux ; La Nivart ; La Hocherie ; Le
Chezeau ; Vendeuvre ; Le Pontillon ; Ouzilly. — R.

X. orientale L. — *X. macrocarpum* DC. — Lieux frais sablonneux.
— Indiquée à Lencloître. — RR.

LOBÉLIACÉES.

1. LOBELIA L.

L. urens L. — Bois et bruyères humides, prairies tourbeuses. — Nouaillé ; Petit-Genest ; Moulière ; étang Berlan ; bois des Touches, etc. — AC.

CAMPANULACÉES.

1. JASIONE L.

J. montana L. — Lieux secs, pelouses arides et sablonneuses. — CC

2. PHYTEUMA L.

P. orbiculare L. — Pelouses arides des terrains calcaires. — Montamisé ; Verneuil ; Moulinet ; Maveaux ; Ayron ; Lessart ; Cissé ; Avanton ; Poitiers ; Marigny-Brizay ; Vieux-Vendeuvre ; Méré ; Leugny ; Saint-Remy ; La Fouchardière. — AR.

P. spicatum L. — Prés, bois montueux et couverts. — Croutelle ; Ligugé ; Moulière ; forêt de Châtellerault. — AR.

3. SPECULARIA Heist.

S. Speculum Alph. DC. — *Campanula Speculum-Veneris* L. — *Prismatocarpus Speculum* L'Herit.— Moissons, lieux cultivés, bords des chemins. — CC.

S. hybrida Alph. DC. — *Campanula hybrida* L. ; *Prismatocarpus hybridus* L'Herit. — Moissons. — C.

4. CAMPANULA Tourn.

C. glomerata L. — Bois secs. — Saint-Benoît ; Ligugé ; Vouneuil-s.-Biard, etc. — C.

C. Trachelium L. — Lieux couverts, bois, buissons. — CC.

C. persicæfolia L. — *C. decurrens* L. — Bois des coteaux calcaires. — Fréquemment cultivé comme plante d'ornement. — Passe-Lourdain ! ; Ligugé ! ; Château-Larcher ; Vouneuil ! ; Moulière ; Lussac ; Saulgé ; forêt de Châtellerault ! ; Concise ; bois de L'Hermitage !. — AR.

C. Rapunculus L. — Lisières des bois, fossés, haies, prairies. — Saint-Benoît ; Biard ; Vouneuil, etc. — C. — Cultivé comme aliment.

C. patula L. — Haies , bois frais. — Charroux ; L'Isle-Jourdain ; Adriers ; Plaisance ; Saulgé ; îles de La Vienne, à Saint-Romain ; Lathus. — RR.

***C. rotundifolia** L. — Bords des champs pierreux et des chemins, murs, bois, coteaux. — Availles-Limousine, bords de La Vienne ; moulin de Prébaille (Lloyd) ; bois de Ligugé (Deloynes). — **RR.**

C. Erinus Link. — Coteaux arides, champs pierreux. — Blossac; Le Porteau ; Biard ; Saint-Benoît ; Flée ; Lussac ; Thorus, etc. — **C.**

5. WAHLENBERGIA Schrad.

W. hederacea Rchb. — *Campanula hederacea* L. — Bois et prés tourbeux. — Environs de L'Isle-Jourdain; pâtis de Pouillac ; Lathus ; coteau de La Fiole, près Brigueil (Chab.) ; La Gartempe, près La Fillaudière (Delacroix). — **RR.**

MONOTROPÉES.

1. MONOTROPA L.

M. Hypopitys L. — *Hypopitys multiflora* Scop. — Lieux couverts des bois ; croissant ordinairement dans le terreau résultant de la décomposition des feuilles mortes. — Parc de Montreuil-Bonnin ; Couhé ; forêt de Châtellerault ! ; forêt de Moulière !. — **R.**

ERICINÉES.

1. CALLUNA Salisb.

C. vulgaris Salisb. — Erica vulgaris L. — Landes, bruyères, bois secs. — **CC.**

2. ERICA L.

E. scoparia L. — Landes et bois. — **CC.**

E. vagans L. —Landes et bois sablonneux. —Chantelle ; Mignaloux ; Fleuré ; Moulière ! ; Lussac ; La Trimouille; bois de La Bussière ; Coulombiers !. — **AR.**

E. cinerea L. — Landes et taillis. — **CC.**

E. Tetralix L. — Landes humides ou marécageuses. — Nouaillé ; La Cigogne ; Moulière !. etc. — **C.**

E. ciliaris L. — Landes humides. — Environs d'Asnières et de Luchapt. — **RR.**

ILICINÉES.

1. ILEX L.

J. Aquifolium L. — Haies, bois, buissons. — **CC.**

JASMINÉES.

1. JASMINUM L.

J. officinale L. — Cultivé.

J. fruticans L. — Coteaux du Vicomte près Thouars, sur nos limites.

OLÉINÉES.

1. PHILLYREA L.

P. media L. — Rochers et coteaux de Passe-Lourdain ; Mauroc. — RR.

2. LIGUSTRUM L.

L. vulgare L. — Haies, bois, buissons. — CC.

3. SYRINGA L.

S. vulgaris L. — Cultivé et naturalisé dans les haies et sur les vieux murs.

4. FRAXINUS L.

F. excelsior L. — Haies, bois, forêts, bords des eaux. — Saint-Benoît ; Port-Séguin, etc. — AC.

APOCYNÉES.

1. VINCA L.

V. major L. — Fréquemment planté dans les parcs, aux bords des eaux. — Subspontané çà et là dans les haies et sur les rochers. — Les Trois-Fontaines ; Le Porteau ; Moulin-Apparent ; Saint-Benoît, pont du chemin de fer de Limoges (Contejean). — R.

V. minor L. — Lieux ombragés, haies, bois. — Biard ; La Cassette ; L'Hermitage ; Saint-Benoît, etc. — CC.

ASCLEPIADÉES.

1. VINCETOXICUM Mœnch.

V. officinale Mœnch. — *Asclepias Vincetoxicum* L. — *Cynancum Vincetoxicum* R. Br. — Lieux secs, pierreux ou sablonneux. — Montamisé ; Saint-Georges ; Dissais ; Bonneuil-Matours ; L'Isle-Jourdain, etc. — C.

GENTIANÉES.

1. CHLORA L.

C. perfoliata L. — Lieux humides des coteaux calcaires. — Saint-Benoît ; Petit-Château ; Smarves ; Andillé ; Poitiers ; Vendeuvre, etc. — C.

C. imperfoliata L. — *C. sessilifolia* Desv. — Prés marécageux. —

Blaslay ; La Pallu ; Les Roderies ; Lencloître ; Jérusalem ; Anvaux. — R.

2. GENTIANA L.

G. Pneumonanthe L. — Prés et landes humides. — La Cassette ; Mezeaux ; Blaslay ; Moulière ; Jérusalem ; Comporté ; Bonneuil-Matours ! ; La Trimouille ! ; Genouillé ! ; Prairies humides de La Pallu, entre Vendeuvre et la Tricherie. — AC.

***G. cruciata** L. — Collines pierreuses, bois et prés montueux. — Puygireau, près Maillé ; Méré ; vallée de l'Anglin , près Angles (Delacroix). — RR.

3. ERYTHRÆA Richard.

E. Centaurium Pers. — *Gentiana centaurium* L. — *Chironia centaurium* Sm. — Bois, prairies, pâturages, bruyères. — C.

E. pulchella Fries. — *Chironia pulchella* Willd. ; *E. ramosissima* Pers. — Prés marécageux , bords des étangs. — Jérusalem ; Lencloître ; Vendeuvre, etc. — AC.

4. CICINDIA Adans.

C. pusilla Griseb. — *Exacum pusilluma* DC. ; *Gentiana pusilla* Lamk. — Bords des mares et des étangs, lieux inondés l'hiver. — Le Maupas, près les Grands-Ormeaux ; Petit-Genest ; Moulière ; Gençay ; Champagné-Saint-Hilaire ; mares qui avoisinent l'étang de Maupertuis (Contejean) ; Lathus. — L.

C. filiformis Delarbre. — *Gentiana filiformis* L. ; *Exacum filiforme* Willd. ; *Microcala filiformis* Hoffm. — Bords des étangs, landes humides. — Maupas ; Petit-Genest ; forêt de l'Epine ; Moulière ; Frolle ; La Marsaudière ; Bournand ; étang de Maupertuis (Contejean), etc. — AC.

5. LIMNANTHEMUM Gmel.

L. Nymphoides Hoffm. — *Villarsia Nymphoides* Vent. ; *Menyanthes Nymphoides* L. — Etangs, rivières à courant peu rapide. — Le Thouet ! ; étang Gaillard ! (Deux-Sèvres), près de nos limites

6. MENYANTHES Tourn.

M. trifoliata L. — Prairies marécageuses, bords des eaux. — Le Clain ! ; La Charente ; Comporté ; Combourg ; L'Envigne ; La Briande ; Coulombiers !, etc. — C.

CONVOLVULACÉES.

1. CONVOLVULUS L.

C. arvensis L. — Champs cultivés, bords des chemins. — CC.

2. CALYSTEGIA R. Br.

C. sepium R. Br. — *Convolvulus sepium* L. — Haies ombragées , buissons, bords des eaux. — CC.

CUSCUTACÉES.

1. CUSCUTA Tourn.

C. major C. Bauh. — *C. Europœa* L. — Lieux incultes , buissons. — Parasite sur l'*Urtica dioica* , l'*Humulus lupulus* , le *vicia sativa*, etc. — R.

C. Epithymum Murray. — *C. minor* DC. — Prairies artificielles, pâturages, bruyères. — Parasite sur le *Trifolium pratense*, le *Medicago sativa*, le *Thymus Serpyllum*, le *Sarothamnus scoparius*, l'*Ulex nanus* , plusieurs espèces d'*Erica*, etc. — CC.

> *var. *Trifolii* Coss. et Germ. — *C. Trifolii* Babingt. — Parasite sur le trèfle et la luzerne. — Lussac ; Jouet ; Pindray. — R.

C. densiflora Soy.-Wilm. — *C. epilinum* Weihe. — Parasite sur le lin cultivé. — Coussay-les-Bois. — RR.

2. GRAMMICA Loureiro.

***G. racemosa** Engelm. — *Cuscuta racemosa* Mart. ; *Cuscuta suaveolens* Seringe. — Prairies artificielles ; pâturages. — Parasite sur le *Medicago sativa* et diverses autres légumineuses, le *Convolvulus arvensis*, etc. — Montmorillon (Delacroix). — RR.

BORRAGINÉES.

1. HELIOTROPIUM L.

1. **H. Europæum** L. — Champs cultivés, décombres. — CC.

2. ECHIUM L.

E. vulgare L. — Lieux pierreux, bords des chemins ; vieux murs. — CC.

> var. *Wierzbickii* Habrl. — Lieux secs. — Montbernage ; Saint-Eloi ; La Croix-Lambert ; Chouppe ; Saint-Romain, etc. — AC.

3. PULMONARIA Tourn.

P. angustifolia L. — Clairières des bois. — CC.
> var. α, *azurea* L. ; Coss. et Germ. — *P. azurea* Bess. — *P. angustifolia* Schrank. — RR.
> var. β. *angustifolia* Coss. et Germ. — *P. angustifolia* L. ; *P. tuberosa* Schrank. ; *P. officinalis* Thuill. — Bois entre Thenet et Bethines ; Brandes de Montmorillon (Chab.). — R.

var. γ. *saccharata* Coss. et Germ. — *P. saccharata* Mill.,
P. grandiflora DC. ; *P. affinis* Jord. — C.

4. **LITHOSPERMUM** Tourn.

L. officinale L. — Bords des chemins et des bois, lieux incultes. —
Petit-Château ; Croutelle ; Fontaine-le-Comte, etc. — AC.

L. purpureo-cæruleum L. — Haies, bois, buissons des coteaux
incultes. — L'Ermitage ; Saint-Benoît ; Ligugé ; Mezeaux, etc.
— C.

L. arvense. L. — Champs, moissons. — CC.
*var. *permixtum* (Jord.). — Saint-Romain ; vallée de La
Vienne ; Mondion, etc. — AC.

5. **MYOSOTIS** L.

M. palustris With. — Bords des rivières, fossés, marais. — C.
var. *α*. *palustris* Coss. et Germ. — *M. palustris* Auct. — Le
Clain ; La Boivre, etc. — C.

var. *β*. *strigulosa* Coss. et Germ. — *M. strigulosa* Rchb. —
Prés humides, lieux fangeux. —Availles-Limousine,Adriers ;
Biais ; Les Bordes ; La Rivière, près de La Trimouille.—
AR.

var. γ. *lingulata* Coss. et Germ. — *M. lingulata* Mœnch et
Schultz ; *M. cæspitosa* F. Schultz. — Fossés et bords fan-
geux. — Battereau, près Ingrandes ; Pindray ; Lathus ;
Montmorillon. — RR.

*M. sylvatica** Hoffm. — Lieux frais, bois montueux. — Bords de
l'Asse, près Brigueil (Delacroix) ; entre Availles et L'Isle-Jourdain (Lloyd ; Saint-Genest (Braguier) ; Saulgé (Chab.). — RR.

M. intermedia Link. — Lieux cultivés, champs, bois. — CC.

M. hispida Schlecht.— Sables et collines sèches des calcaires. —
Poitiers ; Châtellerault ; Loudun, etc. — C.

M. versicolor Rchb. — Moissons, champs et pelouses sablonneuses. — La Rouerie ; La Pinterie ; Chaumont, etc. — AC.

6. **ECHINOSPERMUM** L.

E. Lappula Lehm. — *Myosotis Lappula* L.; *Cynoglossum Lappula*
Scop. — Vieux murs, vignes, lieux pierreux. — Poitiers ; Les
Sables ; La Cueille ; Migné ; Neuville ; Etables, etc. — AC.

7. **CYNOGLOSSUM** L.

C. officinale L. — Lieux pierreux et incultes. — La Tricherie ;
Châtellerault ; Loudun, etc. — AC.

C. pictum Aiton. —Lieux incultes, champs pierreux, collines sèches.
—La Tranchée; Béruges ; Châtellerault ; Vauchardon ; Lourdines ;
Chincé ; coteau de Séjan ; Le Grand-Pont ; Migné ; Avanton.
(Contejean). — AR.

8. BORRAGO L.

B. officinalis L. — Lieux cultivés, décombres. — C.

9. ANCHUSA L.

A. Italica Retz. — Moissons, coteaux calcaires. — La Tranchée ;
Saint-Benoît ; Montamisé, etc. — C.

10. LYCOPSIS L.

L. arvensis L. — Champs sablonneux, moissons, pied des murs.
— Dissais ; Châtellerault ; Lencloître ; Loudun, etc. — C.

11. SYMPHYTUM Tourn.

S. officinale L. — Fossés, bords des eaux. — C.

S. tuberosum L. — Prés ombragés, lieux frais. — Bonneuil-Matours ; Petit-Cenon ; Bords de la Vienne, près Duret ; Gençay ;
prés de Prunier ; Montmorillon ; moulin de Chardes ; L'Isle-
Jourdain. — R.

LABIÉES.

1. MENTHA L.

M. aquatica L. — Marais, fossés, bords des eaux.

    var. *hirsuta* Coss. et Germ. — *M. hirsuta* L. — CC.

    var. *glabrescens* Coss. et Germ. — AR.

M. rotundifolia L. — Fossés, bords des chemins, lieux humides.
— CC.

M. sylvestris Koch.

    var. *α. sylvestris* Coss. et Germ. — *M. sylvestris* L. — Lieux
frais, pied des murs Quelquefois cultivé dans les jardins, et
subspontané dans le voisinage des habitations. — Limbre ;
Traversonne ; Payroux ; Néré ; La Motte-Champdeniers ;
Lussac. — AR.

    var. *β. viridis* Coss. et Germ. — *M. viridis* L. — Cultivé dans
les jardins et quelquefois subspontané près des habitations.
— Le Grand-Pont ; Couhé. — RR.

M piperita L. — Cultivé et devenu spontané près des habitations.

    var. *pyramidalis* Coss. et Germ. — *M. pyramidalis* Tenore. —
Fossés, bords des eaux, fontaines. — Ventray ; Fontjoie ;
Bapteresse. — RR.

M. arvensis L. — Lieux frais, fossés, bords des eaux. — La Vienne,
L'Envigne ; La Gartempe ; L'Anglin. — AR.

    var *glabrescens* Coss. et Germ. — Bords de La Vienne ; Bon-
neuil-Matours. — RR.

M. **sativa** L. — Lieux humides, fossés, bords des eaux.

> var. *α*. *sativa* Coss. et Germ. — *M. gentilis* Rchb. ; *M. procumbens* Thuill. — La Vienne ; L'Envigne, etc. — C.

> var. *β*. *rubra* Coss et Germ. — *M. rubra* Sm. — Cultivé dans quelques jardins et subspontané près des habitations.

M. **Pulegium** L. — Lieux humides ou inondés l'hiver. — CC.

2. LYCOPUS L.

L. **europæus** L. — Fossés aquatiques, bords des eaux. — CC.

3. SALVIA L.

S. **pratensis** L. — Coteaux, prés secs. — CC.

S. **Verbenaca** L. — Prés secs, pelouses incultes des coteaux calcaires. — C.

S. **Sclarea** L. — Lieux secs, rochers, murs, voisinage des vieux châteaux. — Saint-Saturnin ; La Tranchée ; La Mérigotte ; Clairvaux ; La Tour-au-Cogneau, près Civaux ; Montmorillon ; Angles ; Bataillé. — AR.

S. **officinalis** L. — Cultivé et naturalisé sur les vieux murs et les rochers voisins des habitations. — Coteau de Ringère ; Masseuil ; Saint-Remy-s.-Creuse ; Montmorillon. — R.

4. LAVANDULA L.

L **vera** DC. — Cultivé dans les jardins, quelquefois naturalisé près des habitations.

L. **Spica** DC. — Cultivé dans les jardins et quelquefois naturalisé dans le voisinage des habitations. — Grand-Pressigny, sur nos limites.

5. ORIGANUM Tourn.

O. **vulgare** L. — Pelouses sèches, lisières des bois. — CC.

> *var. *megasthachyum* (*O. megasthachyum* Link). — Collines incultes, calcaires. — Chiré ; Frozes ; Vendeuvre ; Vaux. — R.

6. THYMUS L.

T. **Serpyllum** L. — Pelouses sèches, bords des chemins, bois, coteaux.

> var. *α*. *Serpyllum* Coss. et Germ. — *T. Serpyllum* Fries. — Pelouses sèches, sables arides. — AC.

> var. *β*. *Chamædrys* Coss. et Germ. — *T. Chamædrys* Fries. — Bois, pâturages, bords des chemins. — CC.

7. SATUREIA L.

S. hortensis L. —Cultivé dans les jardins.
***S. montana** L. — Lieux secs et pierreux. — Moulimes (Chab.).
— RR.

8. CALAMINTHA Mœnch.

C. officinalis Mœnch. — *Melissa Calamintha* L.
    var. *α. sylvatica* Coss. et Germ , — C. *sylvatica* Bromfield ;
    C. officinalis Gr. et God. — Lieux ombragés , bois, buis-
    sons. CC.
    var. *β. menthœfolia* Coss. et Germ. — C. *menthœfolia* Host ;
    C. ascendens Jord.
C. Nepeta Clairville. — *Melissa Nepeta* L. — Coteaux arides, lieux
    secs et pierreux. — Fossés au bas de Blossac ; La Cagouillère ;
    Lhommaizé , La Groix ; Touffou ; entre Vouillé et Chiré. — R.
C. Acinos Gaud. — *Thymus Acinos* L. ; *Melissa Acinos* L. Benth. —
    Lieux incultes, champs pierreux.

9. CLINOPODIUM Tourn.

C. vulgare L. — *Melissa Clinopodium* Benth. — Lieux incultes, haies,
    bois. — CC.

10. MELISSA Tourn.

M. officinalis L. — Cultivé dans les jardins ; souvent subspontané
    près des habitations. — Traversonne ; Sanxais ; Lusignan ;
    Bonneuil-Matours ; Moiseaux ; Bois-Rogues ; Port de Lavayré ;
    Montreuil-Bonnin. — AC.

11. HYSSOPUS.

H. officinalis L. — Murailles des vieux châteaux, coteaux arides,
    fissures des rochers. — Poitiers ; Châtellerault. — R.

12. NEPETA L.

N. Cataria L. — Haies, bords des chemins, lieux pierreux. — Roche-
    Courbe ; Molé ; Ingrandes ; Moulin-des-Mottes ; Lussac ; Les Cha-
    leries ; Saint-Genest ; Charlée. — AR.

13. GLECHOMA L.

G. hederacea L. — Bois humides, lieux couverts, haies , buissons.
    — CC.
    s.-var. *breviflora* Coss. et Germ. — AC.
    s.-var *hirsuta* Coss. et Germ. — AR.

14. MELITTIS L.

M. Melissophyllum L. — Bois montueux. — C.

15. GALEOPSIS L.

G. Ladanum L. — Moissons et champs pierreux. — CC.

G. Tetrahit L. — *G. bifida* Bœnningh. — Haies, lieux frais, bois, fossés, buissons. — Ventray ; Traversonne ; Lusignan ; Couhé ; vallée de La Vienne. — AR.

16. BETONICA L.

B. officinalis L. — Bois et landes. — CC.

17. LAMIUM L.

L. amplexicaule L. — Lieux cultivés, murs. — CC.

L. hybridum Vill. — *L. incisum* Willd. — Lieux cultivés, vignes, fossés, bords des chemins. — Poitiers ; Saint-Benoit ; Loudun. — AR.

L. purpureum L. — Lieux cultivés, vignes, bois sablonneux. —CC.

L. album L. — Lieux incultes, haies, bords des chemins. — Saint-Benoit ; Lusignan ; Bonneuil-Matours ; L'Isle-Jourdain , etc. — AC.

L. maculatum L. — Haies, décombres, lieux humides. — Thouars, près de nos limites.

18. GALEOBDOLON Huds.

G. luteum Huds.—Bois frais, haies, buissons.—L'Ermitage ; Saint-Benoît ; vallée du Poiré ; Croutelle ; Vouneuil-s.-Biard. — C.

19. STACHYS L.

S. recta. — *S. Sideritis.* — Pelouses, bords des champs arides ou pierreux. — CC.

S. annua L. — Champs et coteaux calcaires. — C.

S. arvensis L. — Vignes et lieux cultivés. — Poitiers ; Saint-Benoit ; Biard, etc. — C.

S. palustris L. — Bords des eaux, fossés, marais. — CC.

S. sylvatica L. — Bois, lieux couverts, buissons, haies ombragées. — Croutelle ; Béruges ; Lavayré ; Bois-Lami ; Gençay, etc. — AC.

S. alpina L. — Bois couverts, haies. — Migné ; Mezeaux ; Châtellerault ; Rochèvre ; La Moricière ; Cloué ; Flée ; Vaux, etc. — AC.

S. germanica L. — Lieux incultes, bords des champs. — Traversonne ; Coursec ; Dissais ; Châtellerault ; Loudun, etc. — AC.

20 **MARRUBIUM** L.

M. vulgare L. — Décombres, bords des routes, lieux incultes. — CC.

21. **BALLOTA** Tourn.

B. nigra L. — Bords des chemins, pied des murs, haies, décombres.

> var. *β. fœtida* Coss. et Germ. — *B. fœtida* Lamk. ; *B. nigra* Sm. — CC.

> var. *α. nigra* Coss. et Germ. — *B. nigra* L. ; *B. nigra* var. *ruderalis* Koch. — Cette variété n'a point été trouvée dans La Vienne.

22. **LEONURUS** L.

L. Cardiaca L. — Haies, décombres, lieux incultes. — Traversonne ; Bonneuil-Matours ; Ozon ; Candé ; Aigrette ; Moiseaux ; Chandorin, près Chiré ; Cloué ; Concise ; moulin de la Cueille, près Champagné-Saint-Hilaire (Guitteau). — AR.

23. **CHAITURUS** Ehrh.

*****C. Marrubiastrum** Ehrhart. — *Leonurus Marrubiastrum* L. — Lieux secs, bords des champs. — Brux (Guyon). — RR.

24. **SCUTELLARIA** L.

S. galericulata L. — Bords des eaux , étangs, ruisseaux. — C.

S. minor L. — Lieux marécageux, bords des mares, bois humides. — Nouaillé ; Petit-Genest ; Moulière ; forêt de Châtellerault ; La Motte-Champdeniers ; étang de Maupertuis, etc. — AC.

25. **BRUNELLA** Tourn.

B. vulgaris L. — Prés, pâturages, bois.

> var. *vulgaris* Coss. et Germ. — CC.

> > s.-var. *pinnatifida* Coss. et Germ. — *B. vulgaris* var. *pinnatifida* Rchb. — Lathus. — RR.

> var. *alba* Coss. et Germ. — *B. alba* Pallas. ; *B. laciniata* Rchb. — C.

B. grandiflora Jacq. — *B. vulgaris* var. *grandiflora* L. — Collines calcaires, pelouses sèches. — Migné ; Verneuil ; Moulinet ; Mavaux ; Lessart ; Méré ; Chardonchamp ; Vouillé ; Vellèches ; Marmande ; Leugny. — AR.

26. AJUGA L.

A. Genevensis L. — Bois, pâturages, coteaux sablonneux. — Forêt
de Châtellerault. près de None ; Lussac ; Bas de Smarves ; Chiré ;
Cloué ; Montmorillon. — AR.

> var. *pyramidalis* Coss. et Germ. — *A. pyramidalis* L. —
> Traversonne ; Coursec ; Dis-ais ; Châtellerault ; Loudun ;
> Mazais ; Quinçay. — AR.

A. reptans L. — Bois frais, prés humides. — CC.

A. Chamæpitys Schreb. — *Teucrium Chamæpitys* L. — Moissons
des terrains calcaires. — Saint-Benoit ; Biard ; Lussac, etc.
— C.

27. TEUCRIUM L.

T. Botrys L. — Coteaux calcaires, champs sablonneux. — Saint-
Benoît ; Lessart ; Montamisé ; Chardonchamp ; Migné, etc. — C.

T. Scordium L. — Bords des eaux, lieux marécageux. — Pont-
Achard ; La Cassette ; Saint-Benoît ; Mezeaux, etc. — AC.

T. Chamædrys L. — Lieux pierréux, coteaux arides, bois. — C.

T. montanum L. — Coteaux calcaires arides. — Passe-Lourdain ;
Biard, etc. — C.

T. Scorodonia L. — Bords des bois, buissons des coteaux secs. — C.

VERBÉNACÉES.

1. VERBENA Tourn.

V. officinalis L. — Lieux secs et incultes. — CC.

OROBANCHÉES.

1. OROBANCHE L.

O. Rapum Thuill. — *O. major* DC. — Bois, bruyères, lieux incultes.
— Parasite sur le *Sarothamnus scoparius.* — C.

O. cruenta Bert. — Bois , collines , pâturages. Parasite sur le
Lotus corniculatus, l'*Hippocrepis comosa*, l'*Onobrychis sativa* et
d'autres papilionacées. — Saint-Benoît ; Ligugé ; Roche-de-
Brand ; Cloué ; Vendeuvre ; Saint-Genest, etc. —

> var. β. *citrina* Coss et Germ. — *O. concolor* Boreau. — R.

O. Ulicis Desmoulins. — Landes et bruyères. — Parasite sur l'extrémité des racines de l'*Ulex nanus.* — La Pinterie ; Fontaine-
le-Comte ; Persac ; Adriers ; étang de Maupertuis ; Coulombiers ; Saint-Remy, etc. — AC.

O. Galii Duby. — *O. caryophyllacea* Rchb. — B rds des champs,
coteaux. — Parasite sur les *Galium Mollugo, sylvestre, verum* et

Aparine. — Saint-Benoît ; Roc-à-Midi ; cimetière de la Pierre-Levée ; Chiré ; Vouillé. — **AR.**

O. Teucrii F. Schultz. — Coteaux calcaires, pelouses sèches, pâturages. — Parasite sur les *Teucrium Chamœdrys, montanum , Scorodonia,* et quelquefois sur le *Thymus Serpyllum.* — Collines calcaires. — Lussac ; Brousse ; Brosset : bois de La Roche ; arcs de Parigny ; Biard ; Jazeneuil ; coteaux de La Barre. — **AR.**

O. Epithymum DC. — Pelouses calcaires arides. — Parasite sur le *Thymus Serpyllum* et le *Clinopodium vulgare.* — Saint-Benoît ; Roc-à-Midi ; Lussac, etc. — **C.**

    var. *β. lutescens* (Boreau). — *O. Epithymum* var. *pallescens* Gr. et God. — **RR.**

O. amethystea Thuill. — *O. Eryngii* Duby. — Bords des chemins, pelouses calcaires. — Parasite sur l'*Eryngium campestre.* — **AC.**

O Picridis F. Schultz. — Champs incultes, coteaux pierreux. — Parasite sur le *Picris hieracioides.* — Niorteau ; La Motte-Champdeniers ; Chiré ; Avanton ; La Boutinière ; Poitiers ; Smarves. — **AR.**

***O. minor** Sutt. — Prés secs, coteaux arides, champs incultes. — Parasite sur le *Trifolium pratense,* le *Coronilla minima,* le *Poterium Sanguisorba,* l'*Eryngium campestre,* l'*Helianthemum pulverulentum ,* etc. — Civray ; Chiré ; Poitiers ; Lourdines ; Cloué ; Saint-Romain ; Dangé ; Verrières. — **R.**

O. Hederæ Duby, — *O. barbata* Rchb. — Bois, murs, rochers. — Parasite sur l'*Hedera Helix.* — **AC.**

2. PHELIPÆA Tourn.

P. cærulea C. A. Mey. — *O. cærulea* Vill. — Pelouses sablonneuses, côteaux arides. — Parasite sur l'*Achillea Millefolium.* — Lencloître ? ; Guesnes. — **RR.**

P. ramosa C. A. Mey. — *Orobanche ramosa* L. — Chènevières, jardins. — Parasite sur le *Cannabis sativa,* et plus rarement sur plusieurs plantes appartenant à diverses familles ! *Helianthus annuus , Polygonum aviculare, Lycopersicum esculentum , Archangelica officinalis,* etc. — Le Grand-Pont ; Chasseneuil ; Lencloître ; Clairvaux ; Angliers ; Avanton ; Cissé ; Jaulnay, etc. — **AC.**

3. LATHRÆA L.

L. squamaria L. — Bois montueux et couverts. — Parasite sur les racines du lierre, du chêne, du hêtre, du frêne, du noyer, de la vigne, etc. — Bois de la Motte, près Mezeaux ; La Roche, près Vouneuil-s.-Biard ; bois des Ages ; Mavaux ; Cloué ; bois sur la rive droite de la Boivre, au-dessus du Moulin de Biard. — **R.**

L. Clandestina L. — *Clandestina rectiflora* Lam. — Lieux ombragés, bords des ruisseaux, au pied des arbres. — Vallée du Poiré ; Mezeaux ; Croutelle ; Vellèches ; La Chèze, près Latillé, etc. — **C.**

SOLANÉES.

1. LYCIUM L.

L. Barbarum L. — *L. Euroœum* et *Barbarum* Mérat. — Haies et murs près des habitations. — Murs de la caserne de Montierneuf ; avenue de La Charletterie, près Montbernage. — R.

2. SOLANUM L.

S. tuberosum L. — Cultivé dans les champs et les jardins. Les tubercules de cette espèce présentent un très-grand nombre de variétés de forme et de couleur.

S. nigrum L. — Lieux cultivés , décombres , bords des chemins.

> var. *α. nigrum* Coss. et Germ. — *S. nigrum* Sm. ; *S. petrocaulon* Rchb. — CC.

> var. *β. ochroleucum* Coss. et Germ. — *S. ochroleucum* Bast. ; *S. fluteo-virescens* Gmel. ; *S. flavum* Rchb.

> var. *γ. miniatum* Coss. et Germ.—*S. miniatum* Bernh. — R.

> var. *δ. villosum* Coss. et Germ. — *S. villosum* Lmk. — RR.

S. Dulcamara L. — Haies , bords des eaux. — C.

3. PHYSALIS L.

P. Alkekengi L. — Vignes, lieux cultivés. — La Roche ; Ligugé ; Iteuil ; Smarves ; Bellefoy ; Lessart ; Pierre-Levée ; Chabournay, etc. — AC.

4. ATROPA L.

A. Belladonna L. — Lieux frais , bois couverts. — Lencloître ; Couhé. — RR.

5. DATURA L.

D. Stramonium L. — Vignes, décombres, champs sablonneux. — Nerpuy ; Piétard ; Clairvaux ; Lencloître ; Les Challeries ; Le Fournil ; Les Mats ; Montmorillon ; Saint-Savin. — R.
* var *β. Tatula* Coss. et Germ. —*D. Tatula* L. —Saulgé (Chab.). — RR.

6. HYOSCYAMUS L.

H. niger L. — Bords des chemins, décombres. — Grand-Pont ; Dissais ; La Tricherie ; Lencloître ; Châtellerault ; Loudun ; Gençay, etc. — AC.

VERBASCÉES.

1. VERBASCUM Tourn.

V. Thapsus L. — *V. Schraderi* Mey. — Lieux incultes, bords des chemins. — Saint-Benoît ; Biard, etc. — C.

V. thapsiforme Schrad. — *V. Thapsus* Mey. — Champs sablonneux, bords des chemins. — Gare de Poitiers ; Châtellerault, etc. — C.

V. phlomoides L. — Bords des chemins, champs sablonneux. — Le Porteau, route de Paris, etc. — C.

   var. *australe* Schrad. — Châtellerault ; Lencloître. — AR.

V. nothum Koch. — Champs sablonneux incultes. — Bords de La Vienne, près Valette ; Saint-Romain ; Fontaine-aux-Brodes, commune de Dangé (Delacroix). — RR.

V. pulverulentum Vill. — *V. floccosum* Waldst. — Bords des chemins, lieux incultes, champs sablonneux. — CC.

V. Lychnitis L. — Lieux incultes, bords des routes. — C.

   var. β. *mixtum* Coss. et Germ. — *V. mixtum* Ram ; *V. Schottianum* Schrad. — Champagné ; Lathus ; Pont de Lussac ; entre Sauzé et Villars ; Adriers ; Rouflamme ; Saint-Romain ; Parc des Ormes. — RR.

V. nigrum L. — Lieux secs, arides et pierreux. — Parc des Ormes. — AR.

   *var. β. *Schiedéanum* (Koch.). — Bords de l'Anglin ; Saint-Romain-s.-Vienne. — RR.

V. Blattaria L. — Lieux frais, champs en friche. — Saint-Benoît ; Passe-Lourdain ; Petit-Château ; Chiré, etc. — AC.

   var. β. *virgatum* Coss. et Germ. — *V. virgatum* With. ; *V. blattarioides* Lamk. — Lieux secs incultes, bords des chemins. — Poitiers ; forêt de Châtellerault ; Les Ormes. — R.

SCROPHULARINÉES.

1. EUPHRASIA L.

E. officinalis L. — Prairies, pelouses sèches, bords des bois. — CC.

   var. β. *nemorosa* Coss. et Germ. — *E. nemorosa* Pers. — Moulin-à-Vent, près Cissé ; Vellèches ; Saint-Romain. — AR.

2. ODONTITES Hall.

O. lutea Rchb. — *Euphrasia lutea* L. — Coteaux incultes, pelouses montueuses. — Existe dans les Deux-Sèvres, sur nos limites.

O. rubra Pers. — *Euphrasia Odontites* L.

var. α. *verna* Coss. et Germ. — *Euphrasia verna* Bell.; *Odontites verna* Rchb.; *O. rubra* Gr. et God. — Lisières des bois, pâturages. — CC.

var. β. *serotina* Coss. et Germ. — *Euphrasia serotina* Lamk.; *O. serotina* Rchb.; *Euphrasia (Odontites) divergens* Jord. — Moissons des terrains secs; coteaux arides. — CC.

O. Jaubertiana Boreau. — Champs secs, coteaux calcaires. — Blossac; La Grand'Maison; Saint-Benoît; Vivône, etc. — CC.

*var. β. *chrysantha* Bor. — Pelouses sèches, bords des bois, coteaux calcaires. — Traversonne. — RR.

3. EUPHRAGIA Benth.

E. viscosa Benth. — *Bartsia viscosa* L. — Moissons sablonneuses, lieux frais. — Belleroute, près Béruges; Le Cloux; La Petite-Bruère; Lencloître; La Marsaudière; Romagne. — AR.

4. TRIXAGO Stev.

T. Apula Stev. — Coteaux arides. — Coteaux de La Magdeleine et de Belair, près Thouars, sur nos limites.

5. RHINANTHUS L.

R. major Ehrh. — *R. Crista-Galli* var. γ. L.; *R. hirsuta* Lamk. — Prés humides, pâturages. — CC.

var. β. *minor* (Ehrh.). *R. glabra* Lamk.; *R. Crista-Galli*. α. L. — C.

6. PEDICULARIS Tourn.

P. palustris L. — Prés marécageux. — Vouneuil-sous-Biard; Montreuil-Bonnin; entre l'Isle-Jourdain et Availles; Moussac; Coulombiers. — AR.

P. sylvatica L. — Bois humides, landes marécageuses. — C.

7. MELAMPYRUM Tourn.

M. cristatum L. — Bois secs. — Saint-Benoît; Ligugé; Croutelle; Vouneuil-sous-Biard, etc. — CC.

M. arvense L. — Moissons calcaires. — CC.

M. pratense L. — Bois, buissons, prés secs. — CC.

8. LINARIA Juss.

L. Cymbalaria Mill. — *Anthirrinum Cymbalaria* L. — Vieux murs humides. — C. Surtout à Poitiers.

L. **spuria** Miller. — *Anthirrinum spurium* L. — Lieux cultivés. — Poitiers ; Saint-Benoît, etc. — C.

L. **Elatine** Desf. — *Anthirrinum Elatine* L. — Lieux cultivés. — Saint-Benoît ; La Rouerie ; Montbeil ; Gençay ; Châtellerault ; Loudun, etc. — AC.

L. **minor** Desf. — Champs, vignes, décombres. — C.

> var. *prætermissa* Delast. — Lieux cultivés. — Vallée de Fonjoise ; de Thorus ; Poitiers ; champs et lieux sablonneux de la vallée de La Vienne, à Châtellerault ; Ingrandes ; Port-de-Piles. — AR.

L. **Pelliceriana** Mill. — *Anthirrinum Pellicerianum* L. — Rochers, coteaux sablonneux, pelouses arides. — Bignoux ; La Touche-le-Comte ; Petit-Cenon ; Loudun ; Châtellerault ; Ingrandes ; Port-de-Piles ; Dangé. — AC.

* **L**. **arvensis** Desf. — *Anthirrinum arvense* L. — Champs, lieux sablonneux. — Pont de Lussac ; Saint-Remy. — RR.

L. **striata** DC. — *Anthirrinum repens* L. ; *L. repens* Desf. — Coteaux arides, lieux incultes. — C.

L. **vulgaris** Mill. — *Anthirrinum linaria* L. — Champs et coteaux pierreux. — C.

L. **supina** Desf. — *Anthirrinum supinum* L. ; *Anthirrinum bi-punctatum* Thuill. — Lieux secs, champs sablonneux. — C.

9. ANTHIRRINUM Juss.

A. **Orontium** L. — Champs, vignes, lieux pierreux. — Charassé ; Iteuil ; Smarves, etc. — AC.

A. **majus** L. — Cultivé et naturalisé sur les vieux murs. — C.

10. DIGITALIS Tourn.

D. **purpurea** L. — Haies, champs siliceux ou granitiques, bois, coteaux pierreux. — Port-Séguin ; Sanxais ; Goupillon, près Vivône ; Petit-Cenon ; Moulîmes ; Adriers ; L'Isle-Jourdain. — AR.

D. **lutea** L. — *D. parviflora* Lamk. — Coteaux calcaires. — Biard ; Saint-Benoît ; Vouillé ; La Trimouille ; sur le granit, aux environs de Thollet ; Port-de-Piles, etc. — C.

11. SCROPHULARIA Tourn.

S. **aquatica** L. — *S. Balbisii* Hornem. — Bords des eaux, fossés aquatiques, lieux marécageux. — CC.

S. **nodosa** L. — Lieux frais, bois ombragés. — Bois-Lami ; Montreuil-Bonnin ; Moulière ; forêt de Châtellerault ; de Lussac ; Adriers ; Couhé ; bords de La Vienne. — AR.

* **S**. **canina** L. — Lieux sablonneux ou pierreux. — Assez commune à Fontevrault, sur nos limites.

12. LIMOSELLA L.

L. aquatica L. — Bords vaseux des rivières et des étangs. — La Vienne, près de Châtellerault ; Chitré ; Fontaine de Lusignan ; Bourg-Archambault ; Béthines ; La Trimouille ; Etang de Lathus ; du Riz-Cnauveron. — AR.

13. GRATIOLA L.

G. officinalis L. — Lieux humides et marécageux, bords des étangs fangeux. — Saint-Benoît ; Auxances ; Moulinet ; Coulombiers ; bords de la Grande-Blourde , de la Gartempe, etc. — C.

14. VERONICA Tourn.

V. hederæfolia L. — Lieux cultivés, vignes, bords des chemins. — CC.

V. agrestis L. — Lieux cultivés, haies, vignes. — CC.

    var. *α. agrestis* Coss. et Germ. — AC.

    var. *β. didyma* Coss. et Germ. — *V. didyma* Ten. ; *V. polita* Fries. — Lieux cultivés. — Pont-Achard ; Chiré, etc. — C.

* **V. Persica** Poir. — *V. Buxbaumii* Tenor. — Lieux cultivés , bords des chemins. — Poitiers ; Mont-Midi ; Biard ; La Grand'Maison, etc. — AC.

V. arvensis L. — *V. polyanthos* Thuil. — Champs, lieux cultivés. — CC.

V. serpyllifolia L. — Bois argileux, pâturages humides. — Fief-Clairet ; Croutelle, etc. — C.

V. acinifolia L. — Champs sablonneux frais. — La Rouerie ; Croutelle ; Chaumont ; Charassé, etc. — C.

V. præcox All. — *V. ocymifolia* Thuill. — Champs sablonneux, vieux murs, coteaux pierreux. — Dissais ; Ligugé ; Charlée ; Loudun ; Montbernage ; Aslonne ; Cissé ; Frozes ; Vendeuvre. — AC.

V. triphyllos L. — Vieux murs, coteaux pierreux, champs sablonneux. — Les Dunes ; Chardonchamp ; Etables ; Mirebeau ; Châtellerault ; Lencloître ; Loudun ; Ligugé, etc. — AC.

V. Teucrium L. — Collines, prés. bois. — Biard ; La Vacherie, etc. — C.

    var. *β. prostrata* Coss. et Germ. — *V. postrata* L. — Coteaux et pelouses calcaires. — Fonternault ; Puy-Joubert ; La Cossonnière ; rochers de La Planche, près Les Roches. — AC.

V. Chamædrys L. — Haies, bois, pâturages. — CC.

***V. montana** L. — Bois montueux, frais et couverts. — Trouvée près de La Roche-Posay, mais dans le département d'Indre-et-Loire.

V. officinalis L. — Bois, pâturages, prés secs. — Saint-Benoît ; La Vacherie ; Ligugé, etc. — C.

_ **V. Beccabunga** L. — Fossés, fontaines, ruisseaux. — CC.

V. Anagallis L. — Fossés, ruisseaux, lieux marécageux. — CC.

V. scutellata L. — Fossés, bords des étangs, lieux marécageux ; Riz-Chauveron.

 a. β. *pubescens* (*V. parmularia* Poit. et Turp.). — RR.

LENTIBULARIÉES.

1. UTRICULARIA L.

U. vulgaris L. — Eaux stagnantes. — La Cassette ; Saint-Benoît ; Moulinet ; Marchoix–Crevé, etc. — C.

U. minor L. — Marais inondés, étangs tourbeux. — Pont de Châtellerault, au-dessus de Nerpuy ; Marnières de Fougerolles ; Fontaine au haut de la côte de Font-Yame, près Mazerolles. — RR.

2. PINGUICULA L.

P. lusitanica L. — Pâturages tourbeux, landes humides. — Bouretard ; Pouillac ; Adriers ; Moulìmes ; Comporté, près Civray, etc. — AC.

PRIMULACÉES.

1. CYCLAMEN L.

C. Europæum L. — Bois couverts, montueux. — Parigny ; La Vergne ; La Grange-au-Rondeau, près Gençay. — RR.

***C. Neapolitanum** Tenor. — Bois. — Parc de Clairvaux ; La Fouchardière ; Puygirault, près Angles ; garenne de M. Dupuy, à Lusignan (Guitteau). — RR.

2. PRIMULA L.

P. grandiflora Lmk. — *P. acaulis* Jacq. ; *P. vulgaris* Huds. ; *P. sylvestris* Scop. ; *P. variabilis* Goupil. — Bois frais. — La Fenêtre ; Lusignan ; Forêt de Moulière et de La Guerche. — AR.

P. elatior Jacq. — *P. veris* β. *elatior* L. — Bois montueux, prés bas. — Mezeaux, au delà du pont, à droite ; Poitiers ; Saulgé ; ruisseau de Roufflamme ; Moussac (Delacroix). — RR.

P. officinalis Jacq. — *P. veris* α. *officinalis* L. — Prés, bois. — CC.

3. ANDROSACE L.

A. maxima L. — Champs et coteaux calcaires. — Montbernage ; Montamisé ; La Rouerie ; Auxances ; Dunes de Rochereuil ; Falaise ; Vendeuvre ; Dangé ; Avanton, etc. — AC.

4. HOTTONIA L.

H. palustris L. — Mares, fossés, marais. — CC.

5. LYSIMACHIA L.

L. vulgaris L. — Bords des eaux, lieux humides. — C.
L. Nummularia L. — Prés et bois humides. — CC.

6. ANAGALLIS L.

A. arvensis L. — Champs et terrains cultivés. — CC.
    var. *α. phœnicea* Coss. et Germ. — *A. phœniceu* Lmk. — C.
    var. *β. cœrulea* Coss. et Germ. — *A. cœrulea* Schreb. — C.
A. tenella L. — Marais tourbeux, prairies spongieuses. — Mezeaux ;
    Smarves ; Etang-Berlan ; La Dive ; Bouretard ; Comporté ; Pouil-
    lac ; Rouflamme ; La Pallu ; Vendeuvre ; Coulombiers, etc.—AC.

7. CENTUNCULUS L.

C. minimus L. — Bords des mares, lieux sablonneux humides,
    allées ombragées des bois. — Forêt de l'Epine ; Landes du Petit-
    Genest ; étang de Maupertuis ; Cloué ; Lusignan ; Queaux ;
    Bruyères et Landes de Lathus. — AR.

8. SAMOLUS L.

S. Valerandi L. — Prés humides, lieux marécageux, bords des eaux.
    — Pont-Achard ; La Cassette ; Smarves ; Ligugé ; Mezeaux.
    etc. — AC.

GLOBULARIÉES.

1. GLOBULARIA.

G. vulgaris L. — Coteaux calcaires, pelouses sèches. — Biard ;
    Passe-Lourdain, etc. — C.

PLUMBAGINÉES.

1. ARMERIA Willd.

A. plantaginea Willd. — *Statice plantaginea* All. — Coteaux arides,
    pelouses sablonneuses. — Clairvaux ; Lencloître ; forêt de Châ-
    tellerault ; Guesnes ; Bournand ; Montmorillon, etc. — AC.

PLANTAGINÉES.

1. PLANTAGO L.

P. major L. — Bords des champs, cours, lieux frais. — CC.
    s.-var. *minima* Coss. et Germ.— *P. minima* DC.; *P. intermedia*
    Gilib.
P. media L. — Prairies, bords des chemins, etc. — CC.
P. lanceolata L. —Prés, champs, lieux secs. — CC.
P. Coronopus L. — Pelouses sèches, sablonneuses. — Saint-Benoît ;
    Port-Séguin, etc. — C.

P. arenaria Waldst. — *P. Indica* L. — Lieux sablonneux arides.— Dissais; La Varenne; bords de La Vienne; Lencloître; Guesnes; Angliers; Romagne; Les Barres de Naintré. — C.

2. LITTORELLA L.

L. lacustris L. — Bords des étangs, landes marécageuses. — Adriers; Moulimes; Montmorillon; Les Fosses, près Civray; Maupertuis; Lusignan; étang de Blondel, entre Availles et L'Isle-Jourdain; étangs de Lathus. — AC.

AMARANTACÉES.

1. AMARANTUS Tourn.

A. Blitum L. — *A. sylvestris* Desf. — Décombres, pied des murs. — Poitiers, etc. — C.

A. retroflexus L. — Lieux cultivés, décombres. — Boulevard de Tison, près Blossac; Saint-Genest; Gare de Dangé (Delacroix); Châtellerault. — AR.

2. EUXOLUS Rafin.

*E. deflexus** Rafin. — *Amarantus deflexus* L.; *Amarantus prostratus* Balb. — Lieux incultes, pied des murs. — Les Ormes (Delacroix); Papeau; Châtellerault (Contejean). — RR.

E. viridis Moq. Tand. — *Amarantus viridis* L.; *A. Blitum* auct. plurim. non L. — CC.

3. POLYCNEMUM L.

P. arvense L. — Champs sablonneux ou pierreux. — Lessart; Chardonchamp; Montamisé; Croutelle, etc. — AC.

SALSOLACÉES.

1. CHENOPODIUM Tourn.

C. polyspermum L. — Lieux cultivés, vignes, bords des étangs. — Traversonne; Lencloître; bords de La Vienne, etc. — AC.

    var. *α. spicatùm* (Moq. Tand.).

    var. *β. cymosum.* — *C. cymosum* Chevall.

    α. β. s.-var. *acutifolium* (Smith). — Ile-Malo; Chiré. — AR.

C. Vulvaria L. — Lieux cultivés; pied des murs. — CC.

C. album L. — *C. leiospermum* DC. — Lieux cultivés, bords des rivières, décombres.

    var. *α. album* (L.).

    var. *β. viridescens* (Moq. Tand.). — *C. paganum* Rchb.

    var. *γ. viride* — *C. viride* L.; *C. concatenatum* Thuill.

C. opulifolium Schrad. — *C. Opuli folio* Vaill.; *C. viride* L. —

Décombres , pied des murs, berges des rivières. — Poitiers, Châtellerault ; Loudun, etc. — AC.

C. murale L. — Décombres, pied des murs, bords des chemins.— — CC.

C. urbicum L. — Terreaux , pied des murs — La Tricherie ; Lencloître ; douves de Loudun ; Civray ; Maillé ; La Bus- sière ; Antigny. — AR.

C. hybridum L. — Lieux cultivés, voisinage des habitations. — · Blossac ; Antigny ; entre l'Isle-Jourdain et Saint-Paixent , etc. — C.

C. glaucum L. — *Blitum glaucum* Koch. — Décombres, bords des eaux, lieux frais. — Bords de La Vienne , douves de Loudun. — R.

2. BLITUM Tourn.

B. Bonus-Henricus Rchb. — *Chenopodium Bonus-Henricus* L. — Bords des chemins, murs des villages. — Lhommaizé ; Lussac ; bois près Adriers ; Bourg-Archambault ; Lathus. — RR.

3. BETA L.

B. vulgaris L. — Cultivé et naturalisé près des habitations.

> var. *β. Cicla* Coss. et Germ. — *B. Cicla* auct. — Fréquem- ment cultivé dans les jardins potagers.

> var. *γ. rapacea* Koch. — Cultivé en plein champ et dans les jardins.

4. SPINACIA L.

S. oleracea L.— *S. spinosa* Mœnch. — Cultivé dans les jardins pota- gers.

S. glabra Mill. — *S. oleracea β.* L. ; *S. inermis* Mœnch. — Cultivé dans les jardins. Quelquefois subspontané près des habitations.

5. ATRIPLEX L.

A. patula L. — *A. polymorpha* Coss., Germ. et Wedd. — Fossés, bords des chemins, lieux incultes, pied des murs, décombres, villages. — CC.

> var. *α. hastata.*—*A. hastata* L. ; *A. latifolia* Wahlenb. — CC.

> var. *β. mixta.* — *A. patula* var. *mixta* Moq. Tand.

> var. *γ. patula.* — *A. patula* L. ; *A. angustifolia* Sm.

POLYGONÉES.

1. RUMEX L.

R. maritimus L. — Lieux marécageux, bords des étangs, mares, fossés. — Oyron (Deux-Sèvres), près de nos limites. Probablement aussi les marais de La Dive.

R. pulcher L. — *R. divaricatus* L. — Pied des murs, bords des chemins, lieux incultes et pierreux. — CC.

R. obtusifolius L. — *R. Friesii* Gr. et God. — Pied des murs, lieux frais et ombragés. — CC.

> var. β. *acutifolius* Coss. et Germ. — *R. pratensis* Mert. et Koch. — Ligugé ; Fontaine-le-Comte ; La Pallu ; L'Envigne ; Chéneché (Delacroix). — RR.

R. Hydrolapathum Huds. — *R. aquaticus* Vill. — Bords des rivières, étangs, fossés aquatiques. — C.

R. Patientia L. — Lieux cultivés près des habitations. — RR. — Assez commun aux environs de Loudun ; Guesnes ; La Maison-Neuve ; Triou ; Néré.

R. crispus L. — Prés, champs, fossés. — CC.

R. conglomeratus Murr. — *R. Nemolapathum* Ehrh. ; *R. glomeratus* Screb. ; *R. acutus* Sm. — Fossés, bords des eaux, bois humides. — Biard ; La Cagouillère ; L'Epinette, etc. — C.

R. sanguineus L. — *R. nemorosus* Schrad. ; *R. Nemolopathum* Spreng.

> var. α. *sanguineus* Coss. et Germ. — Cultivé et naturalisé près de quelques habitations. — Le Moulin-Neuf, sur la Briande.

> var. β. *nemorosus* Coss. et Germ. — Bois, forêts, lieux humides, ombragés. — Béruges ; bois de Saint-Hilaire ; de Saint-Pierre ; de Vayolle ; Jérusalem ; La Motte-Champdeniers ; forêt de Châtellerault ; Moulière. — AR.

R. Acetosa L. — Prairies, bois. — CC. — Cultivé dans les jardins potagers.

R. Acetosella L. — Champs sablonneux, pâturages, bords des chemins. — CC.

R. scutatus L. — *R. glaucus* Jacq. — Vieux murs, coteaux pierreux. — Civray ? ; Thouars, sur nos limites. — RR.

2. POLYGONUM L.

P. dumetorum L. — Bois, haies, buissons. — Saint-Benoît ; La Médocquerie ; bois de Sainte-Radegonde ; forêt de Châtellerault, etc. — AC.

P. Convolvulus L. — Champs cultivés, jardins. — CC.

P. amphibium L. — Etangs, fossés, rivières, lieux marécageux. — CC.

> var. α. *natans* Coss. et Germ.

> var. β. *terrestre.* — Prés humides, lieux inondés. L'hiver. — AC.

P. lapathifolium L. — Bords vaseux ou sablonneux des rivières. — La

Vienne ; Le Clain ; Gençay ; Iteuil ; Chantelle ; Targé ; La Boue ; Availles-Limousine ; bords de la Creuse, à Port-de-Piles, etc. — AC.

var. β. *incanum* Coss. et Germ.

var. γ. *nodosum* — *P. nodosum* Pers. — Targé ; La Boue ; bords de la Creuse, à Port-de-Piles ; Availles-Limousine. — AR.

α. β. γ. s.-var. *maculatum*.

P. Persicaria L. — Fossés, bords des eaux, champs humides. — C.

var. β. *incanum* Coss. et Germ.

α. β. s.-var. *maculatum* Coss. et Germ.

* **P. mite** Schrank. — *P. laxiflorum* Weihe ; *P. dubium* Stein. — Fossés, bords des eaux. — Pindray (Chab.) ; Joué ; Saint-Romain ; Les Ormes (Delacroix). — AR.

* var. β. *minus* Coss. et Germ. — *P. minus* Huds. ; *P. pusillum* Lamk. — Etang du Cluseau et de Lathus (Chab.). — R.

P. Hydropiper L. — Fossés, bords des eaux, lieux humides, marécages. — C.

P. aviculare L. — Champs, lieux incultes et cultivés. — CC.

s.-var. *latifolium*.

var. β. *erectum* Coss. et Germ. — *P. erectum* Roth.

P. Bellardi All. — Moissons des terrains calcaires. — Saint-Benoit ; Fonternault ; Smarves ; Châtellerault ; Pimparé, etc. — AC.

3. FAGOPYRUM Tourn.

F. esculentum Mœnch. — *Polygonum Fagopyrum* L. — Cultivé dans les champs, et quelquefois à l'état subspontahé dans les champs et aux bords des chemins.

* **F. tataricum** Gærtn. — *Polygonum tataricum* L. ; *F. dentatum* Mœnch. — Cultivé en grand et souvent mêlé à l'espèce précédente.

THYMÉLÉACÉES.

1. THYMELÆA Tourn.

T. Passerina Coss. et Germ. — *Stellera Passerina* L. — *T. arvensis* Lmk. ; *Passerina annua* Wickstr. — Champs calcaires en friche. — CC.

2. DAPHNE L.

D. Laureola L. — Bois montueux, landes. — La Cigogne ; Béruges ; Lusignan ; Vivône ; Adriers ; Moussac ; Leigné ; Persac. — R.

LAURINÉES.

1. LAURUS.

L. nobilis L. — Cultivé dans les jardins. — C.

SANTALACÉES.

1. THESIUM L.

T. humifusum DC. — *Th. divaricatum* Alph. DC. — Coteaux incultes, lieux pierreux, clairières des bois.

> var. *α. humifusum* Coss. et Germ. — *Th. humifusum* Rchb. — C.

> var. *β. divaricatum* Coss. et Germ.— *Th. divaricatum* Jan.— Les Roches-Prémaries (Delacroix); Lussac (Chab.). — AR.

ARISTOLOCHIÉES.

1. ARISTOLOCHIA L.

A. Clematitis L. — Haies, vignes, buissons. — CC.

EUPHORBIACÉES.

1. BUXUS L.

B. sempervirens L. — Bois, rochers, coteaux pierreux. — CC.

2. EUPHORBIA L.

E. Lathyris L. — Lieux cultivés, jardins. — AC.

E. falcata L. — Champs pierreux des coteaux calcaires. — Saint-Benoît ; Smarves ; Vendeuvre, etc. — C.

E. Peplus L. — Jardins, lieux cultivés. — CC.

E. exigua L. — Champs, lieux cultivés. — CC.

E. sylvatica L. — *E. amygdaloides* L. — Haies, bois, buissons. — Petit-Château ; Ligugé ; Vouneuil-s.-Biard, etc. — C.

E. Esula L.

> var. *α. salicetorum* Coss. et Germ. — *E. salicetorum* Jord. *E. lucida* auct. — Bords des eaux, berges des rivières. — Bords de La Vienne ; bords de La Creuse, à Port-de-Piles (Delacroix). — AR.

> var. *β. tristis* Coss. et Germ. — *E. tristis* M. Bieb. ; *E. intermedia* Brebiss. — Bois sablonneux, coteaux pierreux, bords des chemins. — R.

E. Cyparissias L. — Coteaux arides, bords des chemins. — Montamisé; Dissais; Bonneuil-Matours; Châtellerault; Loudun, etc. — CC.

E. Gerardiana Jacq. — Lieux pierreux, bords des chemins. — La Cueille ; Le Porteau, etc. — CC.

E. helioscopia L. — Lieux cultivés, jardins. — CC.

E. pilosa L. — Bois, bords des haies. — Vouillé; Fontaine-le-Comte ; Moulière ; Les Pâturelles ; Veutray ; Moulimes, forêt des Fouillards. — AR.

E. platyphylla L. — Champs frais. — Mezeaux ; Iteuil ; Lencloître ;
Verrières ; La Boue ; Envaux ; Cloué. — **AR.**

E. stricta L. — *E. micrantha* M. Bieb. ; *E. serrulata* Thuill. —
Haies, bords des fossés, rivières. — Bonneuil-Matours ; Châ-
tellerault ; Loudun ; entre Availles et Moussac ; Villars.
— **AR.**

E. verrucosa L. — *E. dulcis* Sibth. — Pelouses et bords des bois
calcaires. — Ligugé ; Croutelle ; Maison-Neuve ; La Vacherie ;
vallée de La Cassette ; du Moisson, etc. — **C.**

E. dulcis L. — *E. solisequa* Rchb. ; *E. purpurata* Thuill. — Bois
frais et montueux. — Ligugé ; La Motte de Croutelle ; Béruges ;
Vouneuil-sous-Biard, etc. — **C.**

***E. angulata** Jacq. — Bois.—Saint-Benoît ; La Cossonnière ; Ligugé ;
Vouneuil-s.-Biard ; Brandes des Forest, près Moulîmes ; forêt de
Charroux ; des Fouillards ; bois de La Moutre, près Chiré ; Vaux
(Ch. Delacroix) ; Poitiers ; Croutelle ; Coulombiers ; Lusignan ;
Rouillé! ; Saint-Sauvant ; Couhé (Contejean). — **AC.**

E. hyberna L. — Bois, bords des eaux. — Mezeaux ; Fontaine-le-
Comte ; bois de Saint-Hilaire : Moulière ; Coussay-les-Bois ;
Lusignan (Letourneux) ; forêt du Rond (Delacroix). — **AR.**

L'*E. palustris* a été indiqué par erreur dans la Flore de La
Vienne.

3. MERCURIALIS L.

M. annua L. — Jardins, lieux cultivés. — **CC.**

M. perennis L. — Bois frais ombragés. — L'Ermitage ; Ligugé ; La
Motte de Croutelle ; Vouneuil-s-Biard ; Moiseaux ; Andillé ; Chiré ;
Ayroy ; Falaise. — **AC.**

URTICÉES.

1. PARIETARIA. L.

P. officinalis L.

var. *α. diffusa* Wedd. — *P. diffusa* Mert. et Koch. — Fissu-
res et pied des vieux murs, décombres. — **CC.**

var. *β. erecta* Wedd. ; *P. erecta* Mert. et Koch. ; *P. officinalis*
Rchb. — Lieux ombragés ou humides. — **R.**

2. URTICA Tourn.

U. dioica L. — Pied des murs, décombres, lieux incultes. — **CC.**

U. urens L. — Décombres, lieux cultivés, pied des murs.
— **CC.**

U. pilulifera L. — Pied des murs, décombres. — La Villedieu ;
Aslonne ; Moncontour ; Chassigny ; Poitiers, rue des Incurables.
— **AR.**

CANNABINÉES.

1. CANNABIS L.

C. sativa L. — Cultivé en grand.

2. HUMULUS L.

H. Lupulus L. — Bords des eaux, haies, buissons. — Quelquefois cultivé. — C.

MORÉES.

1. FICUS Tourn.

F. Carica L. — Cultivé dans les jardins. -- Naturalisé dans quelques rochers. — Le Porteau ; La Roche ; Passe-Lourdain ; Saulgé ; Angles. — RR.

2. MORUS Tourn.

M. Alba L. — Cultivé dans les plantations. — La Charletterie, etc. — AR.

M. nigra L. — Cultivé dans les jardins et les parcs.

ULMACÉES.

1. ULMUS L.

U. campestris L. — Haies, bois montueux ; souvent planté aux bords des routes et sur les promenades publiques.
    var. *α. campestris.* — C.

    s.-var. *corylifolia.* — (*U. corylifolia* Host.). — AC.

    var. *β. suberosa.* — (*U. suberosa* Ehrh.). — C.

***U. major** Smith. — *U. Hollandica* Mill. ; *U. excelsa* Bork. — Bois frais, plantations. — Dangé ; Saint-Romain ; Vaux ; Antran, etc. — C.

U. effusa Willd. — Planté sur les promenades publiques. — La Roche ; les Justices (Loudun). — RR.

CELTIDÉES.

1. CELTIS L.

C. australis L. — Rochers, expositions chaudes. — Le Porteau ; La Roche ; Tison ; Passe-Lourdain ; Lusignan ; Rocher des Galois. — R.

JUGLANDÉES.

1. JUGLANS L.

J. regia L. — Planté dans les champs, les vignes et au bord des routes. — CC.

CUPULIFÈRES.

1. CASTANEA Tourn.

C. vulgaris Lamk. — *Fagus Castanea* L.; *C. vulgaris* Gærtn. — Bois montueux, siliceux ou sablonneux. — CC.

2. FAGUS L.

F. sylvatica L. — Bois montueux, forêts. — Ligugé; Croutelle; Couhé; Moulière; Lusignan; Gençay; Moulin-Faignant, près Croutelle. — AR.

3. QUERCUS Tourn.

Q. Ilex L. — Bois, coteaux calcaires. — Bois de La Roche; Saint-Benoit; Le Breuil; Niré-le-Dolent. — R.

Q. Suber L. — Cultivé dans le parc de Clairvaux et dans quelques bois des environs.

Q. sessiliflora Salisb. — *Q. robur* β. L.; *Q. robur* Rchb. — Bois, forêts. — CC.

    var. β. *pubescens* Coss. et Germ. — *Q. pubescens* Willd. — AC.

Q. pedunculata Ehrh. — *Q. robur* Sm.; *Q. robur* α. L. — Bois, forêts. — CC.

Q. Cerris L. — Planté quelquefois dans les bois et les forêts. — Bois près Nué. — RR.

4. CORYLUS Tourn.

C. Avellana L. — Bois, haies, buissons. — CC.

5. CARPINUS L.

C. Betulus L. — Bois, forêts, promenades publiques. — Ligugé; Croutelle; Lusignan; Moulière, etc. — C.

SALICINÉES.

1. SALIX Tourn.

S. alba L. — Prairies, bords des eaux. — CC.

    var. *β. vitellina* Coss. et Germ. — *S. vitellina* L. — Cultivé dans les oseraies et les vignes.

S. fragilis L. — Bords des eaux. — Souvent planté dans les prairies et les vignes comme osier. — Saint-Benoît ; vallée du Poiré ; Montmorillon, etc. — AC.

* **S. Babylonica** L. — Planté dans les parcs au bord des eaux.

S. triandra L. — *S. amygdalina* L. — Bord des eaux. — Quelquefois planté dans les oseraies. — C.

S. undulata Ehrh. — *S. lanceolata* Sm. — Bords des eaux. — Iles de La Vienne, à Châtellerault ; Vaux ; les Ormes. — R.

S. purpurea L. — Bords des eaux, oseraies. — Bords de La Vienne, à Saint-Romain. — AC.

    var. *β. macrostachya* Coss. et Germ. — *S. Lambertina* Sm.
    var. *γ. Helix* Coss. et Germ. — *S. Helix* L. — La Vienne ; Le Clain ; chaussée de Saint-Benoît, etc. — C.

S. viminalis L. — Bords des eaux. — Très-fréquemment planté dans les oseraies et les vignes. C.

S. Smithiana Willd. — *S. phylicifolia* Thuill. ; *S. lanceolata* Seringe. ; *S. Seringeana* Gaud. ; *S. salviæfolia* Bor. ; *S. affinis* Gr. et God. ; *S. viminali-cinerea* Wimm. — Bords des eaux, vignes. — Cultivé aux environs de Loudun, Niré, Puy-Dardane, etc. — RR. —

S. caprea L. — Bois, bords des eaux. — Cultivé aux environs de La Maison-Neuve, Thiours, Cocagne, forêt de Lussac ? , Vaux-en-Couhé, bois des Touches, Pindray (Chab.) ; Châtellerault. —CC.

S. aurita L. — Bords des eaux, lieux humides. — Forêt de Lussac ; Adriers ; La Dorotière ; forêt de Charroux ; étang de Combourg ; Le Rond. — AC.

S. cinerea L. — Lieux humides, bords des eaux. — CC.

S. repens L. — Sables humides et marécageux. — Forêt de Châtellerault ; Lussac ; Bouretard ; étang de Montarban (Lloyd) ; Saint-Genest. — RR.

2. POPULUS Tourn.

P. alba L. — Bords des eaux : landes sablonneuses. — Bords du Clain. — C.

P. canescens Sm. — Coteaux, lieux frais. — Saint-Benoît ; coteau de Naintré. — RR.

P. Tremula L. — Bois, terrains humides. — CC.

P. nigra L. — Bords des eaux, haies. — CC.

P. fastigiata Poir. — Bords des eaux, plantations. — CC.

P. Virginiana Desf. — *P. molinifera* Ait. — Planté assez fréquemment en avenue. — C.

BETULINÉES.

1. ALNUS Tourn.

A. glutinosa Gærtn. — *Betula Alnus α. glutinosa* L. — Bords des eaux, lieux marécageux. — CC.

2. BETULA Tourn.

P. alba L. — Bois, forêts, rochers, coteaux sablonneux.
    var. *α. alba* (*B. alba* auct. plurim.). — CC.
    * var. *β. pubescens* (B. *pubescens* Ehrh.). — Cultivé dans quelques bois humides. — Les Ormes ; Vaux ; Bois–au–Roi ; La Motte–Champdeniers ; Rouillé ; La Trimouille , Lathus (Chab.). — R.

PLATANÉES.

1. PLATANUS L.

P. orientalis L. — Planté en avenues et sur les promenades.

CONIFÈRES.

1. PINUS L.

P. sylvestris L. — Fréquemment planté dans les bois et les parcs. — Bois de Clairvaux ; Roche-de-Brand ; Moulière. — AR.

P. Laricio Poir — Planté dans les parcs et les bois.

P. maritima C. Bauh. — *P. Pinaster* Soland. ; cultivé dans les terrains steriles.

P. pinea L. — Planté dans les parcs.

2. LARIX Tourn.

L Europæa DC. — *P. Larix* L. — Planté dans les bois et les parcs.

3. ABIES Tourn.

A. excelsa DC. — *Pinus abies* L. ; *Pinus excelsa* Lamk.

A. pectinata DC. — *Pinus Picea* L. — Planté dans les bois et les parcs.

4. JUNIPERUS L.

J. communis L. — Coteaux incultes, bois, bruyères. — CC.

MONOCOTYLÉDONES.

ALISMACÉES.

1. SAGITTARIA L.

S. sagittifolia L. — Fossés ; bords des eaux ; lieux marécageux. — CC.

2. ALISMA L.

A. Plantago L. — Bords des eaux, lieux inondés l'hiver. — CC.

A. ranunculoides L. — Etangs, fossés tourbeux. — L'Epinette ; Vouneuil-sous-Biard ; Ringère, etc. — AC.

    var. β. *repens* (*A. repens* DC.). — Lieux inondés l'hiver. — Forêt de Moulière ; Saint-Claud, etc. — AC.

A. natans L. — Mares, étangs et à fond de sable. — Saint-Benoît ; Nouaillé ; Gençay ; Moulière ; La Barde ; Saint-Nicolas, Lathus, etc. — AC.

A. Damasonium L. — *Damasonium stellatum* Rich. — Bords des eaux, mares, étangs. — Bois de Saint-Hilaire ; de Ringère ; La Loubatière ; Montreuil-Bonnin ; forêt de Moulière ; Gençay ; Availles-Limousine ; Belle-Route ; La Barre ; Baimbart (Delacroix). — AR.

BUTOMÉES.

1. BUTOMUS L.

B. umbellatus L. — Bords des étangs et des rivières, lieux marécageux. — CC.

JONCAGINÉES.

1. TRIGLOCHIN L.

T. palustre L. — Prés marécageux. — La Cassette ; Smarves ; Blaslay ; Thiours ; Bourctard ; Gençay ; Andillé ; Les Roches-

Prémaries ; Moulin de la Pierrerie commune de Sommières
(Mme Guitteau). — R.

POTAMÉES.

1. POTAMOGETON. L.

P. natans L. — Etangs, rivières, eaux tranquilles. — CC.

var. β. *fluitans* (*P. fluitans* DC.). — Eaux courantes, rivières.
— Le Clain à l'Hôpital-des-Champs ; la Vienne à Châtellerault ; aux Ormes ; la Charente à Civray ; la Boivre au-dessus de Pont-Achard ; Saint-Romain ; Montmorillon. — R.

P. polygonifolius Pourr. — *P. oblongus* Viv. — Ruisseaux et fossés
des landes tourbeuses. — Saint-Remy , Montmorillon ; Bouretard. — AR.

P. plantagineus Ducros. — *P. Hornemanni* Mey. — Eaux vives
paisibles. — Fossés entre Chalais et Briande ; marais de Brossard ; Cloué ; ruisseau de Macry ; Thorus ; Lusignan ; vallée de
La Fontjoise (Lloyd). — RR.

P. gramineus L. — *P. heterophyllus* DC. — Etangs sablonneux,
marais tourbeux, rivières. — Etangs de Maupertuis (Contejean).
— RR.

var. β. *graminifolius* Fries. — Canaux de La Briande à
Sainte-Catherine.

P. lucens L. — Rivières et étangs. — Le Clain au Pré-l'Abbesse, à
l'Hôpital-des-Champs, etc. — CC.

P. perfoliatus L. — Rivières, étang, ruisseaux. — CC.

P. crispus L. — Fossés, mares, étangs, rivières. — Le Clain ; La
Boivre, etc. — C.

P. densus L. — Etangs, mares, fossés, ruisseaux. — CC.

var. β. *serratus* (*P. serratus* L.); *P. oppositifolius* DC. —
Montbernage, etc. — C.

P. acutifolius Link. — *P. compressus* DC. — Eaux tranquilles, fossés, mares. — Bois de Fontevrault; Civray ; Lathus, Etang-
Neuf (Chab.) ; Vaux près Châtellerault (Delacroix). — RR.

P. obtusifolius Mert. et Koch. — Etangs, fossés d'eaux vives. —
Etang du Cluseau, de Chez-Liobet à Lathus (Chab.). — RR.

P. pusillus L. — Mares, fossés, ruisseaux, rivières. — AC.

var. β. *major* (Fries). *P. compressus* DC. — Ruisseau des
Fontaines. — Loudun ; Verrières.

P. trichoides Chamisso et Schlecht. — *P. monogynus* J. Gay.; *P.
tuberculatus* Ten. et Guss. — Etangs, mares, fossés, ruisseaux.
— Etangs de Lathus (Chab.). — RR.

P. pectinatus L. — Ruisseaux, rivières, étangs, fossés. —

2. ZANNICHELLIA. L.

Z. palustris L. — Eaux stagnantes, fossés, mares, ruisseaux et rivières à courant peu rapide. — Flée ; Les Bordes ; fontaine de Taon ; vallée du Poiré ; Ligugé, etc. — C.

*var. β. *dentata* (Willd.) *Z. repens* Bor. — Mares, fossés, ruisseaux. — Lencloître ; Griette ; Vendeuvre. — AR.

NAIADÉES.

I. NAIAS L.

N. major. — *N. fluviatilis* Poir. — Rivières, mares, étangs à fond de sable. — Le Clain ; Saint-Benoît ; Moulin-Apparent ; Lessart ; l'Anglin ; Cloué ; Saint-Romain ; Saint-Remy. — AC.

N. minor Allioni. — *Caulinia fragilis* Wild. — Etangs, rivières. — La Vienne au-dessus du barrage de Châtellerault ; Saint-Romain ; Saint-Remy (Chab.). — RR.

LEMNACÉES.

1. LEMNA L.

L. trisulca L. — Etangs, fontaines, cours d'eaux. — Saint-Georges ; Saint-Benoît ; Béruges ; Quinçay, etc. — AC.

L. minor L. — Mares et fossés. — CC.

L. gibba L. — Bassins, mares et fossés. — Pont-Achard, etc. — AC.

L. polyrrhiza. — Mares, fossés, rivières à courant peu rapide. — CC.

AROIDÉES.

1. ARUM L.

A. maculatum L. — *A. vulgare* Lmk. — Haies, bois, buissons, lieux ombragés. — C.

A. Italicum Mill. — Bois, haies, lieux couverts. — Port-Séguin ; Croutelle ; La Mauvinière. — AC.

THYPHACÉES.

1. THYPHA L.

T. latifolia L. — Rivières, étangs, marais, fossés aquatiques. — Le Clain, Saint-Benoît, etc. — C.

var. β. *media* (*T. media* DC.) — R.

T. angustifolia L. — Etangs, rivières, marais, fossés aquatiques. — Le Clain près Givray ; Les Bordes de Nouaillé ; Lacs du Petit-Genest ; Verrières, etc. — C.

2. SPARGANIUM L.

S. ramosum Huds. — *S. erectum* var. *α*. L. — Fossés , étangs , bords des eaux. — CC.

S. simplex Huds. — *S. erectum* var. *β*. L. — Fossés, étangs, bords des eaux. — Sainte-Barbe près Saint-Benoit, dans les bois ; Traversonne ; Auxances, etc. — AC.

***S. minimum** Fries. — *S. natans* auct. plurim. non L. — Etangs ; mares, ruisseaux. — La Haute-Vergne ; Marnay près Gençay, Étang-Neuf à Lathus (Chab.) ; Saint-Genest (Braguier). — RR.

Le *Sparganium natans* de Linné n'existe pas dans la Vienne. C'est par erreur que M. Delastre l'a indiqué.

COLCHICACÉES.

1. COLCHICUM Tourn.

C. autumnale L. — Prairies, pâturages humides. — CC.

LILIACÉES.

1. FRITILLARIA L.

F. Meleagris L. — Prés humides. — Poitiers ; Saint-Benoit, etc. — C.

2. LILIUM L.

L. Martagon L. — Coteaux de Tyrcis près Concise (Pauvert) ; Broussailles près du Bois des Coudrières à 2 kilom. environ de Lussac (de Boisgrollier). — RR.

3. GAGEA Salisb.

G. arvensis Schultz. — *Ornithogalum arvense* Pers. — Champs, vignes. — Blossac ; La Tranchée ; Les Dunes ; Neuville ; Mirebeau ; Niorteau ; La Pierre-Levée ; La Folie ; Saint-Mandé ; Avanton ; Le Porteau ; Saint-Genest ; La Grimaudière ; Saint-Romain , Falaise. — AR.

G. Bohemica Schultz. — Pelouses sablonneuses des collines. — Airvault ; Thouars (Deux-Sèvres) sur nos limites.

4. NARTHECIUM Mœhring.

N. ossifragum Huds. — Marais tourbeux. — Indiqué sur les bords de la Vienne par Guépin.

5. SIMETHIS Kunth.

S. bicolor Kunth. — *Phalangium bicolor* DC. — Bois et Landes. — Dissais ; forêt de Moulière ; Lussac (Guitteau), Moulimes ; Bois de Rouillé (Contejean). — AR.

6. PHALANGIUM Tourn.

P. ramosum Lamk. — *Anthericum* L. — Coteaux calcaires incultes , pelouses arides des bois montueux. — Nouaillé ; Lussac ; Moulimes ; Saulgé ; Ternay ; La Table-aux-Loups ; coteaux en face La Guerche (Delacroix). — R.

****P. Liliago** Schreb.— *Anthericum Liliago* L. — Pelouses arides des bois montueux, coteaux calcaires. — Nouaillé ; Moulimes ; Saulgé ; Ternay ; Lussac (Chab.). — R.

7. ASPHODELUS L.

A. albus Willd. — *A. occidentalis* Jord.—Bois et landes ; sables siliceux purs de la forêt de Châtellerault. — CC.

8. MUSCARI Tourn.

M. racemosum Mill. — *Hyacinthus racemosus* L. —Champs, vignes, pelouses des coteaux. — Saint-Benoit ; Biard, etc. — C.

***M. neglectum** Gus. — Champs, vignes. — Saint-Genest ; La Folie (M.) (Chab.). — RR.

M. botryoides Mill. — *Hyacinthus botryoides* L. — Prés, coteaux, bois frais. — La Barre ; Magné près Gençay. — RR.

M. comosum Mill. — Champs, vignes, moissons. — CC.

9. ENDYMION Dumort.

E. nutans Dumont. — *Hyacinthus non scriptus* L. ; *Scilla nutans* Sm. ; *Agraphis nutans* Link. — Prés, bois couverts. — CC.

10. SCILLA L.

S. autumnalis L. — Pelouses calcaires ou sablonneuses. — Blossac ; Passe-Lourdain ; Ligugé ; Le Colombier ; Le Pré près Angles. etc. — AC.

S. verna Huds. — Bois et prés argileux. — La Rouerie ; La Pinterie ; Le Palais de Croutelle ; Coulombiers ; Lusignan ; Rouillé ; Cloué ; Celle-l'Evescault ; Chiré ; Benassais. — AR.

S. bifolia L.—Bois, coteaux couverts, coteaux boisés près d'Artige ; Chauvigny (Delacroix). — RR.

11. ORNITHOGALUM L.

O. umbellatum L. — *O. angustifolium* Bor. — Prés , champs, vignes, lisières des bois. — C.

O Pyrenaicum L.— *O. sulfureum* Rœmer.— Haies, prés, buissons, lieux couverts. — Croutelle ; Saint-Benoit ; Chiré ; Saint-Remy-su -Creuse ; Falaise ; Dangé etc. — C.

O. divergens Bor. — Prés, pelouses, champs, lieux, sablonneux. — Blossac ; Auxances ; Montbernage ; Dunes de Poitiers ; Mont-Midi ; Loudun, etc. — C.

12. ALLIUM L.

A. ursinum L. — Lieux humides, bois ombragés. — Vallée du Poiré ; Vouneuil-sous-Biard ; Lusignan ; Bois des Ages ; Moiseaux ; Ruisseau des Combes ; Fontaine de La Chaise. — AC.

A. porrum L. — Cultivé dans les jardins potagers et en plein champ.

A. sativum L. — Cultivé dans les jardins potagers.

A. vineale. — Lieux secs, vignes. — Migné ; Bellefoix. — AR.

    s.-var. *compactum* (*A. compactum* Thuill.) — AC.

A. sphærocephalum L. — Lieux secs et pierreux, champs incultes ; vignes. — CC.

A. arvense Guss. — *A. tenuiflorum* Delast. — Vignes et champs pierreux. — Blaslay. — RR.

A. cepa L. — Cultivé dans les jardins potagers et les champs.

    var. *β. bulbiferum.*

A. schænoprasum L. — Rochers granitiques des bords de la Vienne entre Availles et l'Isle-Jourdain ; la Gartempe vis-à-vis la Filaudière. — R.

A. paniculatum L. — Lieux secs. — Blossac ; environs de Poitiers, etc. — AC.

A. oleraceum L. — Champs, lieux cultivés. — Forêt de Châtellerault ; Niorteau près Loudun ; Saint-Savin ; L'Ermitage ; Passe-Lourdain ; Cloué. — AR.

ASPARAGINÉES.

1. CONVALLARIA L.

C. maialis L. — Bois couverts. — La Motte de Croutelle ; Chaumont ; Montreuil-Bonnin ; Moulière ; Couhé ; Biard ; La Table-aux-Loups près Méré, Rond du Chêne de La Guerche. — AR.

2. POLYGONATUM Dess.

P. vulgare Desf. — *Convallaria polygonatum* L. — Haies, bois frais ou sablonneux. — Croutelle ! ; Ligugé ; Saint-Hilaire ; forêt de Moulière ; de Châtellerault ! ; Chalais ; Pimpaneau, etc. — AC.

P. multiflorum Desf. — *Convallaria multiflora* L. — Mêmes localités que le précédent. — C.

3. ASPARAGUS L.

A. officinalis L. — Clairières des bois sablonneux. — Lencloitre ; Gnesnes ; Clairvaux. — Cultivé en grand dans les jardins potagers et les vignes.

4. RUSCUS L.

R. aculeatus L. — Bois, taillis, buissons ombragés. — CC.

DIOSCORÉES.

1. TAMUS L.

T. communis L. — Bois frais, fossés couverts. — Passe-Lourdain , Chaumont ; Béruges ; Vouneuil-sous-Biard. etc. — C.

HYDROCHARIDÉES.

1. ELODEA Michx.

Elodea canadensis Michx. — Cette plante, originaire d'Amérique, encombre l'étang du Riz-Chauvron (Contejean'.

2. HYDROCHARIS L.

H. morsus-ranæ L. — Eaux tranquilles. fossés, étangs. flaques d'eau au bord des rivières. — AC.

ORCHIDÉES.

2. SERAPIAS L.

S. cordigera L. — Prés, bois. — Bois entre Celle-l'Evescault et La Vigerie (Deloynes'. — RR.

S. lingua L. — Prés secs, pelouses des bois. — Pindray ; Environs de Pleuville (Charente', sur nos limites (Collin'. — RR.

2. ACERAS R. Br.

A. anthropophora R. Br. — *Ophrys anthropophora* L. — Prés secs, pelouses des coteaux calcaires. — Blossac ; Biard ; Saint-Benoît ; Persac. etc. — AC.

3. LOROGLOSSUM Rich.

L. hircinum Rich. — *Satyrium hircinum* L.; *Aceras hircina* Lindl.; *Hymantoglossum hircinum* Spreng. — Collines et pelouses arides. — Dunes de Poitiers, etc. — C.

4. ANACAMPTIS Rich.

A pyramidalis Rich. — *Orchis pyramidalis* L. — *Aceras pyramidalis* Rchb. — Pelouses sèches , bois, coteaux incultes. — Smarves

Letourneux) ; La Chaize près Saint-Remy ; coteaux du Clain entre Moulin-Neuf et Bois-Braud. commune de Champagné (Guitteau). — RR.

5. ORCHIS L.

O. ustulata L. — Prés secs. — Bellejouane ; Préchareau, etc. — C.

O. purpurea Huds. — *O. fusca* Jacq. — Bois et coteaux buissonneux des terrains calcaires. — Lusignan ; Bonneuil-Matours ; Clairvaux ; Charlée ; Nériau ; La Chaize près Saint-Remy , etc. — AC.

O. militaris L. — *O. galeata* Lmk. — Clairières des bois, pelouses ombragées ; prairies montueuses. — La Bigotterie près du Concin. Lusignan ; Bonneuil-Matours. — RR.

O. Simia Lmk. — Clairières des bois, prairies montueuses. — Croutelle ; Vouneuil-sous-Biard ; forêt de Châtellerault ; Loudun ; La Chaize près Saint-Remy, etc. — AC.

O. coriophora L. — Prés, pâturages. — La Pinterie ; Chaumont ; Bonneuil-Matours ; Chiré ; La Boue ; Coulombiers (baron de Contes). — AR.

O. Morio L. — Prairies, pâturages, clairières des bois. — CC.

O. mascula L. — Prés ombragés, bois couverts. — Vallée du Poiré ; Croutelle ; Vouneuil-sous-Biard, etc. — C.

O. laxiflora Lmk. — Prairies tourbeuses, pâturages humides, marécages.— La Cassette ; Vouneuil ; Mezeaux ; Le Poiré, etc. — C.

var. β. *palustris* (*O. palustris* Jacq.). — La Cassette ; Thiours ; Jérusalem. — AR.

O. maculata L. — Lieux herbeux des bois, prairies, landes humides. — CC.

O. latifolia L. — Prairies humides, marais tourbeux , marécages. — CC.

var. β. *incarnata* (*O. incarnata* L.). ; *O. latifolia.* var. *angustifolia* Babingt.

6. OPHRYS L.

O. muscifra Huds. — *O. myodes* Jacq. — Pelouses des coteaux calcaires. — L'Ermitage ; Niré ; Ternay ; Vieux ; Marigny-Brizay ; Vellèches. — R.

O. aranifera Huds. — Pâturages, coteaux herbeux, clairières des bois. — CC.

O. arachnites Hoffm. — Pelouses des bois, prés secs. — RR. — Trouvé dans les Deux-Sèvres sur nos limites.

O. apifera Sm. — Pelouses sablonneuses, coteaux calcaires. — Poitiers ; Croutelle ; forêt de Châtellerault ; Loudun ; Leugny ; Lusignan. — AC.

7. GYMNADENIA R. Br.

G. conopsea R. Br. — *Orchis conopsea* L. — Prairies, lieux humides ou marécageux. — La Rouerie ; La Motte de Croutelle ; Traversonne ; La Maison-Blanche, Bois-au-roi etc. — C.

***G. odoratissima** Rrich. — *Orchis odoratissima* L. — Prairies tourbeuses ; bords des bois montueux ; coteaux calcaires. — La Chaize ; Leugny (Delacroix) ; Prairie marécageuse entre la Vienne et la Creuse à mi chemin entre Châtellerault et Lésigny (Contejean). — RR.

G. viridis Rich. — *Satyrium viride* L. ; *O. viridis* All. — Prairies humides, marécages des bois. — Bellejouane ; La Fosse au Pailler ; La Motte de Croutelle ; La Meunière près La Barde ; Pindray. — AR.

8. **PLATANTHERA** Rich.

P. bifolia Rich. — *Orchis bifolia β.* L. — Bois, bruyères, prairies humides, marais tourbeux. — Saint-Benoît ; Croutelle ; Ligugé ; Saint-Hilaire, etc. — AC.

P. montana Schmidt. — *Orchis bifolia γ.* L. ; *P. Chlorantha* Cust. — Bois, bruyères, prairies humides. — Bois de Panaché ; La Tour Savary ; Mousseaux ; Marmande ; Avanton ; Lusignan ; Niré ; Croutelle, etc. — AR.

9. **LIMODORUM** Tourn.

L. abortivum Sw. — *Orchis abortiva* L. — Clairières des bois montueux, forêts. — Biard ; Saint-Benoît ; Passe-Lourdain ; Petit-Château ; Marmande ! ; bois de Vieux près Vendeuvre ; coteaux de La Creuse à Méré ; forêt de Lussac ; Le Touffnet ; Parc de M. Bazile à Quinçay (Guitteau).

10. **CEPHALANTHERA** Rich.

***C. grandiflora** Babingt. — *Serapias grandiflora* L. ; *Epipactis lancifolia* DC. ; *Epipactis pallens* Sw. ; *Cephalanthera pallens* Rich. — Bois montueux, buissons des coteaux calcaires. — Futaie de La Briauderie à Saint-Romain (Delacroix). — RR.

C. ensifolia Rich. — *Serapias Xiphophyllum* L. ; *S. ensifolia* Murr. — Bois couverts des coteaux calcaires. — Mazais ; Croutelle ; Vouneuil-sous-Biard ; Gençay ; Les Vaux ; Ternay ; La Chaize près Saint-Remy ! ; bois de La Cour près Saint-Romain (Delacroix). — R.

C. rubra Rich. — *Serapias rubra* L. ; *Epipactis rubra* All. — Bois secs et montueux. — Saint-Benoît ; Lencloître ; Bonneuil-Matours ; Lussac ; Paché ; Bonnes ; Moulière, etc. — AC.

11. **EPIPACTIS** Rich.

E. latifolia All. — *Serapias latifolia* Will. —

> var. α. *latifolia* Coss. et Germ. (*Epipactis latifolia* All.) — Bois, lieux couverts, coteaux pierreux. — Lencloître ; forêt de Châtellerault ; de Moulière ; Lussac ; Saint-Savin ; Loudun. — AC.

13

var. β. *atrorubens* Coss. et Germ. (*Epipactis latifolia atrorubens* Hoffm. ; *E. atrorubens* Schult. — Bois et coteaux calcaires. — Blaslay ; Lencloître ; Châtellerault ; Loudun. — AR.

* **E. viridiflora** Rchb. — *E. varians* Crantz. — Bois et coteaux calcaires. — Bois de La Chaize près Saint-Remy-s.-Creuse ; Liglet ; Pindray ; Vendeuvre. — RR.

E. microphylla Swartz. — *Serapias microphylla* Ehrh. — Bois secs des terrains calcaires. — Le Tilloux ; La Mauvinière ; Clairvaux ; La Roche près Gençay ; Saint-Savin ; Saint-Romain (Delacroix) ; Moulière ; Vieux près Vendeuvre ; Mousseaux (Delacroix). — RR.

E. palustris Crantz. — *Serapias palustris* Scop. — Prés marécageux. — La Cassette ; Mezeaux ; Montreuil-Bonnin ; Lencloître ; Jérusalem ; Bonneuil-Matours, etc. — AC.

12. NEOTTIA Rich.

N. Nidus-avis Rich. — *Ophrys Nidus-avis* L. — Bois couverts. — La Motte de Croutelle ! ; Bois de Lusignan ! ; Fontaine de l'Amour près Vouneuil (Guitteau).

N. ovata Rchb. — Prés, buissons, bois frais. — *Ophrys ovata* L. ; *Listera ovata* R. Br. — La Rouerie ; La Pinterie ; forêt de Châtellerault ! Rouet ; Lencloître ; Saint-Chartres ; les Bordes près Availles ; Moussy, Rouillé ; La Barlotière près Lathus ; La Chaize. — AR.

13. SPIRANTHES Rich.

S. autumnalis Rich. — *Ophrys spiralis* L. ; *Neottia spiralis* Sw. — Pelouses sèches, collines incultes. — Roc-à-Midi ; Passe-Lourdain ; Les Quatre-Vents ; Le Murault ; Vouneuil, etc. — AC.

S. æstivalis Rich. — *Ophrys spiralis* γ. L. ; *Neottia æstivalis* DC. — Prés marécageux ou tourbeux. — Mezeaux ; Blaslay ; Bois-au-Roi ; Lencloître ; Montmorillon ; Vendeuvre ; bords de La Belle près Magné (Guitteau). — AR.

IRIDÉES.

1. IRIS L.

J. Pseudo-Acorus L. — Bords des rivières, étangs, fossés, marécages. — CC.

J. fœtidissima L. — Haies, bords des bois, coteaux calcaires. — Biard ; Saint-Benoît ; La Varenne, etc. — C.

J. Germanica L. — Planté dans les jardins, naturalisé sur les fours, les vieux murs. — Rochers de Saulgé, de Ligugé, etc. — C.

AMARYLLIDÉES.

1. NARCISSUS L.

N. Pseudo-Narcissus L. — Bois et prés montueux. — Pré Charreau ; La Gannerie ; Ile-sur-Vienne ; Nardanne ; Prunier ; Ligugé. — R.

N. poeticus L.—Bois, prairies. — Mirebeau ; Montmorillon ; Prunier ; Vic-sur-Gartempe. — RR.

2. GALANTHUS L.

G. nivalis L. — Iles du Clain au-dessus du Moulin-Apparent.— RR.

JONCÉES.

1. JUNCUS L.

J. maritimus Lamk. — *J. acutus* β. L. — Marais de La Briande entre Sainte-Catherine et Anvaux. — RR.

J. effusus L. — *J. communis* E. Mey. — Fossés, bords des eaux, lieux marécageux. — CC.

 var. *α. effusus* Coss. et Germ. — *J. effusus* L. ; *J. effusus.*

 var. *β.* E. Mey.

 var. *β. conglomeratus* Coss. et Germ. — *J. conglomeratus*
 L. ; *J. communis.* var. *α.* E. Mey.

J. glaucus Ehrh. — Lieux humides et marécageux, fossés, bords des eaux. — CC.

J. capitatus Weig. — *J. ericetorum* Poll. ; *J. mutabilis* Cav. ; *J. pygmœus* Rchb. — Landes et champs sablonneux. — Moulière ; Morthemer ; Lencloître ; Thiours ; Jérusalem ; Bournand ; Lussac ; Port-de-Piles ; Vendeuvre (Contejean). — AR.

J. bulbosus L. — *J. compressus* Jacq. — Lieux humides, fossés, étangs, bords des rivières. — La Cassette ; Saint-Benoit ; Mezeaux ; Smarves, etc. — C.

J. bufonius L.

 var. *α bufonius.* — Champs humides ; bois sablonneux ; bords des étangs et des rivières. — CC.

 var. *β. hybridus* Coss. et Germ. — *J. hybridus* Brot. ; *J. mutabilis* Savi. ; *J. insulanus* Viv. ; *J. fasciculatus* Bert. — R.

J. Tenageia Ehrh. — Lieux sablonneux humides. — Petit-Genest ; Traversonne ; Moulière ; forêt de Châtellerault ; les Paturelles ; Gençay ; Etang de Fombelle ; Bouretard, etc. — AC.

J. pygmæus Thuill. — Bords des mares et des étangs, lieux humides. — Bignoux ; Morthemer ; Moulière ; Lencloître ; Thiours ;

Les Paturelles ; Jérusalem ; Bournand ; Lussac ; Coulombiers.
— AR.

J. supinus Mœnch. — *J. bulbosus* L. ; *J. uliginosus* Roth. ; *J. sub-
certicilatus* Wulf. ; *J. verticillatus* Pers. — Lieux submergés,
marécageux, bords des étangs. Forêt de Châtellerault, etc. — AC.

J. obtusiflorus Ehrh. — Fossés, prés marécageux. — Smarves ;
Vouneuil-sous-Biard ; Comporté, etc. — AC.

J. lamprocarpus Ehrh. — *J. articulatus* L. ; *J. sylvaticus* Vill. —
Marécages, bords des étangs. — Pont-Achard ; La Cassette ;
Saint-Benoît ; Smarves, etc. — AC.

J. sylvaticus Reich. — *J. acutiflorus* Ehrh. — Prés marécageux,
bords des étangs, fossés. — Vouneuil-sous-Biard ; Saint-Benoît ;
Thiours , Lencloître ; Loudun, etc. — AC.

2. LUZULA DC.

L. Forsteri DC. — *Juncus Forsteri* Sm. — Bois montueux. — L'Ermitage ; Saint-Benoît. etc, — C.

* **L. maxima** DC. — *Juncus pilosus δ.* L. ; *J. maximus* Retz. ;
J. sylvaticus Huds. ; *L. sylvatica* Huds. — Bois montueux ,
coteaux ombragés. — Moulin de La Touche près Lusignan (Letourneux) ; bois des Ages. — RR.

L. campestris DC. — *Juncus campestris* L. ; *J. nemorosus* Aost.

var. *α. campestris* Coss et Germ. — *L. campestris* var. *α.* DC.
Juncus campestris α. L. ; *J. nemorosus* Host. ; *L. campestris* Desv. — Prés, pelouses des bois. — CC.

var. *β. multiflora* Coss. et Germ. — *L. campestris* var. *β.*
Laharpe ; *Juncus multiflorus* Ehrh. ; *L. multiflora* Lej. —
Landes et pelouses herbeuses. — Bois de Saint-Hilaire ;
Moulière ; Lencloître ; Lussac ; bois de Scévole. — AR.

s.-var. *congesta.* (*L. congesta*) Lej. — Lieux marécageux. —
Thiours ; Patis de Pouillac. — R.

CYPERACÉES.

1. CYPERUS L.

C. longus L. Bords des eaux. — CC.

C. flavescens L. — Bords des eaux, lieux humides. — La Cassette ;
Flée ; Blaslay ; marais d'Envaux ; Montmorillon ; Passe-Lourdain. — AR.

C. fuscus L. — Lieux marécageux, sables humides, bords des rivières. — La Cassette ; Saint-Benoît ; Flée, Blaslay ; Thiours ;
Sainte-Catherine ; Chandoiseau. — AR.

2. SCHŒNUS L.

S. nigricans L. — Prairies spongieuses , landes tourbeuses. —

Mezeaux ; Montreuil-Bonnin ; Lencloître ; Bonneuil-Matours ; Bouretard ; Sainte-Catherine, etc. — AC.

3. **CLADIUM** R. Br.

C. Mariscus R. Br. — *Schœnus Mariscus* L. — Tourbières, bords des étangs, prairies marécageuses. — La Cassette ; Montreuil-Bonnin ; Dissais ; Gençay ; Comporté ; Thiours ; Clairvaux ; Bouretard ; Sainte-Catherine ; prairies marécageuses de La Pallu (Contejean). — **AR.**

4. **RHYNCHOSPORA** Vahl.

R. alba Vahl. — *Schœnus albus* L. — Marais tourbeux. — Patis de Pouillac près l'Isle-Jourdain ; l'Age-Gassin ; La Barlotière près Lathus ; Moulîmes ; Riz-Chauveron (Chab.). — **RR.**

* **R. fusca** Rœm. et Schultz. — *Schrœnus fuscus* L. — Lieux marécageux, prés tourbeux. — Etang de Montarban près Entrefin (Lloyd.) — **RR.**

5. **HELEOCHARIS** R. Br.

H. palustris R. Br. — *Scirpus palustris* L. — Fossés, bords des mares et des étangs. — CC.

    var. β. —' *minor* (*Scirpus reptans* Thuill.). — Marais sablonneux. — Briande.

* **H. uniglumis** Rchb. — *Scirpus uniglumis* Link. — Marais et prairies tourbeuses. — Mare de La Saint-Loup, forêt du Rond (Delacroix) ; prairies de Maison-Hode (Delacroix). — **RR.**

H. multicaulis Koch. — *Scirpus multicaulis* Sm. — Lieux tourbeux et marécageux. — Les Bordes ; Nouaillé ; Moulière ; tous les étangs entre Lathus et Montmorillon ; Coulombiers (Contejean). — **AR.**

* **H. ovata** R. Br. — *Scirpus ovatus* Roth. — Lieux fangeux, bords des étangs. — Etang du Riz-Chauveron sur nos limites (Chab.). — **RR.**

H. acicularis R. Br. — *Scirpus acicularis* L. — Bords des étangs et des rivières, lieux inondés l'hiver. — Biard ; Mezeaux ; Ligugé, etc. — C.

6. **SCIRPUS** L.

S. fluitans L. — Mares et fossés. — Maupas ; Petit-Genest ; Bignoux ; Moulière ; Combourg ; Coulombiers (Contejean). — RR.

S. setaceus L. — Lieux inondés, bords des eaux. — Mezeaux ; Fontaine-le-Comte ; Vauroulée, etc. — AC.

S. Holoschœnus L. — *Isolepis* R. Br. ; *Holoschœnus vulgaris* Link. Prés marécageux. — Marais de la Dive entre Sazé et la Davière près l'Ile-Malo. — **RR.**

S. lacustris L. — Bords des eaux, rivières, étangs. — CC.

var. β. *glaucus* (*S. glaucus* Sm.). *S. Tabernœmontani* Gmel. Prés marécageux. — La Cassette, Smarves; Blaslay, etc. — AC.

S. maritimus L — *S. tuberosus* Desf. ; *S. macrostachyus* Willd. — Bords des eaux, rivières, étangs, fossés, lieux inondés l'hiver. — Marais de Dissais; Thiours ; Bouretard; La Briande ; Sainte-Catherine. — AR.

S. sylvaticus L. — Bords des ruisseaux, lieux ombragés. — Courance de Ressant près Valette; La Guerche; Quierzac ; La Blourde. — R.

S. compressus Pers. — *Schœnus compressus* L. — Prés et marais tourbeux, lieux sablonneux humides. — Indiqué à Nouaillé. — RR.

7. ERIOPHORUM. L.

E. latifolium Hoppe. — *E. polystachyon* Sm. ; *E. pubescens* Sm. — Prairies humides, marais tourbeux. — Mezeaux ; Chaumont; Montreuil-Bonnin ; Bonneuil-Matours ; Thiours; Les Bordes; Civray; Plaisance; Coulombiers! ; L'Isle Jourdain!. — AR.

E. angustifolium Roth. — *E. polystachyon* α. L. — Lieux marécageux et tourbeux. — Thiours; Les Paturelles ; Plaisance ; Les Bordes près Availles ; le Lac Rond à Bouretard. — AR.

* **E. gracile** Koch. — *E. triquetrum* Hoppe. — Tourbières, mares tourbeuses. — Etang de Beaufour (Lloyd) ; La Gabidière (Chab.). - RR.

8. CAREX L.

C. pulicaris L. — Marais et lieux tourbeux. — Thiours; Jouy ; Entrefin ; Coulombiers. — R.

C. disticha Huds. — *C. intermedia* Good. — Prés marécageux, bords des étangs. — Saint-Benoît; Mezeaux ; Blaslay. — C.

C. arenaria L. — Sables des Pilouins près Saint-Christophe. — RR.

C. divisa Huds. — Prés humides. — Le Rivault; Braud près Mirebeau ; Le Beau-Pin ; Velor. — R.

C. vulpina L. — Lieux marécageux, fossés humides. — Saint-Benoît ; Mezeaux, etc. — C.

C. muricata L. — Bois, prés, pelouses, bords des chemins. — CC.

var. α. *muricata* Coss. et Germ. — *C. muricata* L.

var. β. *divulsa* Coss. et Germ. — *C. divulsa* Good

C. paniculata L. — Marais et prés tourbeux. — La Dive près Moncontour; Fontaine de Lutineau ; Rouflamme ; Le Queroux; Civray. — RR.

* **C. brizoides** L. — Lieux humides. — Montmorillon, bords de La Gartempe ; Saulgé (Delacroix). — RR.

* **C. Schreberi** Schrank. — Pelouses sèches, bois sablonneux. — Vieux-Poitiers (Contejean). — **RR.**

C. leporina L. — Prés et pâturages humides. — Les Breuils ; Ligugé ; Le Palais, etc. — C.

C. stellulata Good. — Marais et prés tourbeux. — Thiours ; Fond-pourri ; Gardéché ; Pouillac ; L'Isle-Jourdain (Contejean). — AR.

C. remota L. — Fossés couverts, ruisseaux des bois. — Chaumont ; Fontaine-le-Comte, Chiré ; La Motte-Champdeniers, etc. — AC.

C. cœspitosa L. — *C. stricta* Good. — Etangs ,fossés des marais. — La Cassette ; Montreuil-Bonnin ; Etang-Berlan ; Les Paturelles ; La Briande. — AC.

* **C. vulgaris** Fries. — *C. Goodnowii* J. Gay ; *C. cœspitosa* Good. — Prés marécageux, surtout des terrains sablonneux ou granitiques. — Ruisseau de La Loge ; L'Age-Gassin ; Chiré ; Moulin de Piloué ; Saint-Romain (Delacroix). — R.

C. acuta L. — *C. gracilis* Curt. — Fossés et marais. — CC.

C. tomentosa L. — Lieux ombragés, bois et pâturages humides. — Nouaillé ; La Fosse-Secretin ; Moulière ; Ouzilly-Vignolles ; Chandoiseau. — AR.

C. pilulifera L. — Bois et bruyères. — Saint-Benoît ; Biard, etc. — C.

C. præcox Jacq. — Pelouses arides des coteaux et des bois. — CC.

C. gynobasis Vill. — Pelouses des bois calcaires. — Biard ; Saint-Benoît , etc. — C.

C. humilis Leyss. — *C. clandestina* Good. — Coteaux secs, bois éle-vés des terrains calcaires ou sablonneux. — La Brousse près Lussac ; Vaux-en-Cormy près Couhé. — RR.

C. hirta L. — Prés humides, lieux sablonneux, bord des eaux. — Mezeaux ; vallée du Poiré, etc. — C.

* **C. filiformis** L. — Marais tourbeux et profonds. — Saulgé ; étang de Beaufour (Lloyd.) ; marnières de Fougerolles près Montmoril-lon (Delacroix). — RR.

C. glauca Scop. — Prés froids, bois couverts, bords des eaux, lieux humides, sablonneux. — CC.

C. vesicaria L. — Lieux marécageux, bords des mares et des étangs. — La Cassette ; La Pallu ; Les Pâturelles ; Coulombiers, etc. — AC.

C. ampullacea Good. — Etangs, prés et marais tourbeux. — La Cassette ; La Boivre ; étang Berlan ; La Lande ; Entrefin. — AR.

C. paludosa Good. — Lieux marécageux. bords des étangs et des rivières. — C.

C. riparia Curt. — *C. crassa* Ehrh. — Bords des étangs , fossés, rivières. — CC.

C. pallescens L. — Pâturages ombragés . bois humides, — Chau-mont ; Petit-Genest ; Adriers ; Entrefin. — AR.

C. flava L.

> var. *α. flava* Coss. et Germ. — *C. flava* L. — Prés humides , bords des fossés; lieux marécageux. — C.

> var. *β. OEderi* Coss. et Germ. -- *C. OEderi* Ehrh. — Marais desséchés, bords des étangs. — CC.

C. Mairii Coss. et Germ. — Lieux humides des terrains argileux ou tourbeux. — Coteau au-dessous de la Croix de Smarves. — RR.

C. distans L, — Prés humides et marécages. — Passe-Lourdain, etc. — CC.

C. fulva Good. — *C. Hornschuchiana* Hopp. ; *C. Hostiana* DC. — Prés humides et marécageux. — L'Age-Gassin près Montmorillon Couhé ; Adriers ; Entrefin. — R.

> s.-var. *sterilis* Coss, et Germ. — *C. fulva* Good. ; *C. xantho-carpa* Degl. ; *C. flavo-Hornschuchiana* A. Braun. — Mêmes lieux que le type. — R.

C. panicea L. — Prés, bois humides, taillis. — Mezeaux; bois de Saint-Hilaire ; Coulombiers, etc. — C.

* **C. depauperata** Good. — *C. triflora* Willd. — Bois et lieux ombragés. — Passe-Lourdain (Letourneux). — RR.

* **C. maxima** Scop. — *C. pendula* Huds. — Ruisseaux, lieux humides des bois montueux. — Les Ormes; Battereau près Ingrande ; Montmorillon ; Falaise ; ruisseau des Combes près Prunier ; Bois-au-Roi. — R.

* **C. lævigata** Sm. — *C. patula* Schk. ; *C. biligularis* DC. — Lieux couverts, prés et bois tourbeux. — L'Age-Gassin ; Saulgé; Lathus. — RR.

C. sylvatica Huds. — *C. Drymeia* L. — Bois et lieux couverts. — Bois de Ligugé; de Lusignan ; Croutelle ; Ringère , etc. — C.

C. Pseudo-Cyperus L. — Etangs, bords des eaux. — La Boivre ; La Pallu ; Petit-Cenon ; Courance-de-Ressant ; Martaizé ; Civray. — AR.

GRAMINÉES.

1. MIBORA Adans.

M. minima Desv. — *Agrostis minima* L· ; *M. verna* Adans. ; *Chamagrostis minima* Borkh. — Champs, vignes, lieux sablonneux. — CC.

2. ALOPECURUS L.

A. pratensis L. — Prés, champs, lieux herbeux. —

A. bulbosus L. — Prés humides, lieux marécageux. — Béruges ; bois de Saint-Hilaire ; Nériau ; Beaurepaire; La Motte-Champdeniers ; Saint-Romain, etc. — AC.

A. **agrestis** L. — Prés, champs, vignes, bords des chemins, fossés
asséchés, étangs. — C.

> var. *α*. *geniculatus* Coss. et Germ. — *A. geniculatus* Sm.

> var. *β*. *fulvus* Coss. et Germ. — *A. fulvus* Sm.

3. CRYPSIS Ait.

*C. **alopecuroides** Schrader. — Lieux humides, limons desséchés.
— Chemin de Graillé, communes de Pindray ; Lathus (Chab). —
RR.

4. PHLEUM L.

P. **pratense** L. — Prairies, pâturages. — C.

> var. *β*. *nodosum* (*P. nodosum* L.) — Pelouses sèches. — C.

P. **Bœhmeri** Wib. — *Phalaris phleoides* L. — Pelouses arides, coteaux calcaires. — CC.

5. ANTHOXANTHUM L.

A. **odoratum** L. — Champs, prés secs, bois. — CC.
***A**. **Puelii** Lec. Lamt. — Champs, surtout sablonneux. — Lathus ;
Alluvions de La Creuse à Port-de-Piles (Contejean). — AR.

6. POLYPOGON Desf.

P. **Monspeliensis** Desf. — *Alopecurus Monspeliensis* L. — Lieux
humides et sablonneux. — Fontaine minérale d'Availles-Limousine. — RR.

7. GASTRIDIUM P. Beauv.

G. **lendigerum** Gaudin. — *Milium* L. ; *Agrostis lendigera*. — DC.
Parigny ; Fief-Clairet ; Fontarnaud ; Montamisé. etc. — C.

8. AGROSTIS L.

A alba L. — Prés, champs, pelouses herbeuses. — Lieux herbeux
vignes, etc. — CC.

> var. *α*. *coarctata* Coss. et Germ. — *A. alba* Schrad. ; *A. sto-
lonifera* L. ; *A. coarctata* Hoffm. — C.

> var. *β*. *vulgaris* Coss. et Germ. — *A. vulgaris* With. — C.
> s.-var. *pumila* (*A. pumila* L.).

A. **canina** L. — Landes, prés humides, champs argileux. — CC.

A. **Spica-venti** L. — Champs sablonneux. — CC.

A. **interrupta** L. — *Apera interrupta* P. B. — Moissons, pelouses
sablonneuses, vieux murs, lieux stériles. — Environs de Châtellerault ; de Loudun ; La Rouerie ; Saint-Romain, etc. — AC.

9. **LEERSIA** Swartz.

L. oryzoides Sw. — *Phalaris oryzoides* L. — Prairies humides,
bords des rivières. — Le Clain à Saint-Cyprien ; La Clouère à
Gençay ; La Vienne ; La Blourde ; l'Anglain. — AR.

10. **CALAMAGROSTIS** Adans.

C. Epigeios Roth. — *Arundo Epigeios* L. — Bois et Landes humides. — CC.

L'espèce décrite par Delastre sous le nom de *C. littorea* doit être
une forme de l'*Epigeios*.

* **C. sylvatica** DC. — Brandes des Forêts près Moulimes (Lloyd.
— RR.

11. **PHRAGMITES** Trin.

P. communis Trin. — *Arundo Phragmites* L. — Fossés, bords des
eaux, marais. — CC.

12. **AIRA** L.

A. canescens L. — Lieux secs et sablonneux. — Dissais ; Châtelle-
raul ; Lencloitre ; Loudun, etc. — CC.

A. cæspitosa L. — Lieux ombragés et humides. — Vivône ; Ventray ; Gençay ; Availles ; L'Isle-Jourdain. — AR.

A. flexuosa L. — Bois montueux et sablonneux. — CC.

A. uliginosa Weihe, — *A. montana* Desv. — Landes et prés tourbeux. — Petit-Genest ; La Loubatière ; Landes près de l'Etang
de Gardéché ; Brandes entre la Gabidière et le Bourg-Archambault ; Forêt du Rond (Delacroix ; Brandes de Moulimes ; Marnières de Fougerolles ; Riz-Chauveron (Chab.) — R.

A. caryophyllea L. — Pelouses sèches et champs sablonneux. —
Biard ; La Bouralière ; Chaumont, etc. — C.

* **A. multiculmis** Dumort. — Champs, pelouses des bois secs, etc.
— CC.

A. præcox L. — Pelouses des bois et lieux sablonneux. — Ligugé ;
Moulière ; forêt de Châtellerault ; de Scevole autour des char-
bonnières, etc. — C.

13. **HOLCUS** L.

H. lanatus L. — Prés secs, bois, lieux herbeux. — CC.

H. mollis L. — Prés secs, bois, buissons. — La Cassette ; Naintré ;
La Varenne, etc. — C.

14. **ARRHENATHERUM** P. B.

A. elatius Mert. et Koch. — *Avena elatior* L. — Prairies, lieux
herbeux, bords des chemins. — CC.

15. AVENA L.

A. longifolia Thore. — *A. Thorei* Duby. — Landes. — Brandes des environs de Montmorillon ; Entrefin ; Plaisance ; Moulimes ; Etang de Montarban (Lloyd). — RR

A. flavescens L. — *Trisetum flavescens* P. B. — Pelouses et prés secs. — CC.

A. sulcata Gay. — Landes et bois sablonneux. — Chabournais ; Roches-Vernaises ; La Motte-Champdeniers ; bois de Fontevrault, etc. — AC.

A pubescens L. — Prés secs, pelouses des bois. — C.

A. pratensis L. — Coteaux incultes ; pâturages secs ; rochers ; clairières des bois sablonneux. — Biard ; Saint-Benoît ; Montamisé ; Grand-Pont ; Lourdines, etc. — C.

A. fatua L. — Moissons, prairies artificielles. — CC.

A. Ludoviciana Durieu. — Coteaux, lieux pierreux ; champs incultes. — Saint-Romain ; Montamisé ; Montmorillon, etc. — AC.

A. strigosa Schreber. — Mêlé dans les champs aux espèces cultivées. — Saint-Romain ; La Gabidière ; Lathus (Chab.) — R.

A. sativa L. — Cultivé en grand. Quelquefois subspontané dans les moissons et au bord des chemins.

A. Orientalis Schreb. — Cultivé en grand.

A nuda L. — Cultivé.

A. barbata Brot. — *A. hirsuta* Roth. ; *A. hirtula* Lag. — Coteaux, rochers, champs pierreux. — Poitiers. — R.

16. BRIZA L.

B. media L. — Prairies, pâturages, bords des chemins. — CC.

    s.-var. *pallens* Bor. — Bords des bois, des coteaux calcaires. — L'Envigne. — AR.

B. minor L. — Moissons sablonneuses. — Châtellerault ; Lencloitre, Bournand ; Saint-Romain ; chemin de Saint-Remy. — R.

17. ERAGROSTIS P. B.

E. megastachya Link. — *Briza Eragrostis* L. *Poa megastachya* Koeler. — Lieux cultivés sablonneux. — Dissais ; Vendeuvre ; Lencloitre ; Châtellerault ; Angliers ; Triou ; Bournand. — AR.

E. pilosa P. B. — *Poa pilosa* L. — Lieux sablonneux ; inondés l'hiver, bords des rivières. — Grèves de La Creuse près de Port-de-Piles (Delacroix) ; Granit de Ligugé ; Lathus (Deloynes). — RR.

18. POA L.

P. nemoralis L. — Bois, rochers, vieux murs. — Coteau de Pinpaneau ; Parigny ; Ligugé, etc. — C.

var. β. *firmula*. - C.

P. compressa L. — Vieux murs, rochers, lieux pierreux. -- CC.

P. pratensis L. — Prairies, pâturages, bords des chemins. — CC.

    var. β. *angustifolia* (*P. angustifolia* L.). — Bois et coteaux secs. — C.

P. trivialis L. — Prés, champs humides. — CC.

P. serotina Ehrh. — *P. fertilis* Host ; *P. palustris* Roth.; *P. angustifolia* Wahlenb. — Fossés, buissons, bords des eaux. — Mezeaux,; Béruges ; Bonneuil-Matours; La Baudinière. — AC.

P. bulbosa L. — Pâturages secs, coteaux arides, vieux murs. — C.

    s.-var. *vivipara*. — Murs et lieux secs. — CC.

P. annua L. — Toute l'année et presque partout.

19. GLYCERIA R. Br.

G. spectabilis Mert et Koch. — *G. aquatica* Wahlenb.; *P. aquatica* L. — Bords des rivières et des étangs, lieux marécageux. — Saint-Benoît ; Coulombiers, etc. — C.

G. fluitans R. Br. — *Festuca fluitans* L.

    var. α. *fluitans* Coss. et Germ. — *G. fluitans* Fries.; *Festuca fluitans* Schreb. — Mares, fossés aquatiques, étangs, bords des ruisseaux et des rivières. — CC.

    * var. β. *plicata* Coss. et Germ. — *G. plicata* Fries. — Dans les mêmes lieux que le type, mais plus rare.

20. CATABROSA P. B.

C. aquatica P. B. — *Aira aquatica* L. ; *Glyceria aquatica* Presl. ; *Poa airoïdes* Kœl. *Glyceria airoïdes* Rchb. — Lieux marécageux, fossés aquatiques, bords des eaux. — Mezeaux ; Petit-Gué ; Vouneuil-s.-Biard ; Le Chagnoux près Adriers ; Coulombiers. — R.

21. MOLINIA Mœnch.

M. cærulea Mœnch. — *Aira cærulea* L. ; *Melica cærulea* L..; *Festuca cærulea* DC. — Bois, pâturages et landes humides. — Le Palais de Croutelle ; Fontaine-le-Comte ; Couhé, etc. — C.

22. DANTHONIA DC.

D decumbens DC. — *Festuca decumbens* L. ; *Poa decumbens* With.; *Triodia decumbens* P. B. — Pelouses sablonneuses, bois, bruyères. — La Pinterie ; Ligugé ; La Cigogne ; Moulière, etc. — C.

23. KŒLERIA Pers.

K. cristata Pers. *K. gracilis* Pers. — Pelouses sèches. — Blossac ; Saint-Benoît ; Petit-Château, etc. — C.

K. valesiaca Gaud. — *Aira valesiaca* All. — Pelouses ; coteaux calcaires arides. — RR.

> * var.*β. setacea* Coss. et Germ. — *K. setacea* DC. — Coteaux d'Anvaux près Lussac ; la Vallée-au-Lait près Montamisé. — RR.

K. phleoides Pers. — *Festuca cristata* L. — Bords des champs, des chemins près de Chauvigny, sur la route de Châtellerault. — RR.

24. ECHINARIA Desf.

E. capitata Desf. — Champs et coteaux pierreux. — Saint-Benoît ; Montamisé ; Lourdines ; Châtellerault ; Monteneau ; Neuville ; Bellefoix ; Avanton ; Auxances, etc. — C.

25. DACTYLIS L.

D. glomerata L. — Prairies, pâturages, bords des chemins. — CC.

26. CYNOSURUS L.

C. cristatus L. — Prairies, pâturages, pelouses des bois. — CC.

27. FESTUCA L.

F. rigida Kunth. — *Poa rigida* L. — Coteaux arides, lieux pierreux. — Blossac ; Le Porteau ; Biard ; Saint-Benoît, etc. — CC.

F. ovina L.

> var. *α. ovina* Coss. et Germ. — *F. ovina* L. — Pelouses arides, coteaux, champs incultes. — CC.
>
> var. *β. tenuifolia* Coss. et Germ. — *F. tenuifolia* Sbth. ; *F. capillata* Link. — Lieux incultes, pâturages secs. — CC.
>
> var. *γ. duriuscula* Coss. et Germ. — *F. duriuscula* L. — Pâturages, lieux secs, pelouses pierreuses ou sablonneuses. — Biard ; La Fenêtre, etc. — C.
>
> s.-var. *hirsuta* (Host). — Saint-Benoît ; Petit-Château. — R.
>
> s.-var. *glauca* (*F. glauca* Link.). — C.

F. pratensis Huds. — *F. elatior* L. — Prés humides fertiles, bords des eaux. — Poitiers ; Saint-Benoît, etc. — C.

F. arundinacea Schreb. — *F. elatior* L. — Prairies humides, fossés, bords des eaux. — Marais desséchés près Entrefin ; prairies du parc de La Fontaine (Delacroix). — R.

F. rubra L. — Coteaux, pâturages secs, broussailles, bois sablonneux. — Blossac, etc. — C.

> var. *dumetorum* (*F. dumetorum*. L. — Saint-Benoît ; Biard. — AR.

F. heterophylla Lmk. — *F. nemorum* Leyss. — Bois montueux,
lieux herbeux ombragés. — Forêt de Ligugé ; Vouillé ; Couhé,
etc. — AC.

F. Myuros L. — Lieux secs, murs, décombres, coteaux calcaires.
var. *α. Myuros* Cos. et Germ. — *F. Myuros* L. ; *F. Pseudo-
myuros* Soy.-Willm. ; *Vulpia Pseudo-Myuros* Rchb. — C.

var. *β. sciurioides* Coss. et Germ. — *F. sciurioides* Roth. ;
F. bromoides auct. plurim. non L. — Montamisé ; Fléé ;
Dissais ; Châtellerault ; Loudun, etc. — AC.

F. bromoides L. — *F. uniglumis* Soland. ; *F. Madritensis* Desf. ;
Mygalurus uniglumis Link *Vulpia uniglumis* Rchb. — Vieux
murs, rochers , champs incultes , lieux arides-sablonneux. —
Dissais ; Châtellerault ; Lencloître, Loudun, etc. — R.

F. unilateralis Schrod. — *F. tenuiflora* Koch.

var. *α. aristata* Coss. et Germ. — *F. maritima* L. ; *Triticum
maritimum* L. ; *Triticum tenellum* Lamk. ; *Triticum Hispa-
nicum* Willd. ; *F. tenuiflora* Schrad. ; *Triticum Nardus*
DC. — Murs, rochers, coteaux pierreux. — Blossac ; Saint-
Benoît, etc. — C.

var. *β. mutica* Coss. et Germ. — *Triticum unilaterale* L. ;
F. unilateralis Schrad. — C.

F. Poa Kunth. — *Triticum tenellum* L. ; *Triticum Poa* DC. —
Champs incultes, pelouses sablonneuses. — Lussac ; Montmo-
rillon ; Mauvillans ; l'Isle-Jourdain ; Lathus ; Ligugé ; Port-d —
Piles. — AR.

var. *α. mutica*.

var. *β. aristata* Coss. et Germ. — *Triticum tenuiculum* Lois,
F. tenuicula Link. — Port-Séguin ; Rochers de Ligugé.
— R.

28. BRACHYPODIUM P. B.

B. pinnatum P. B. — *Bromus pinnatus* L. ; *Triticum pinnatum*
Mœnch. — Haies, buissons, lieux pierreux. — CC.

B. sylvaticum Rœm. et Schult. — *B. sylvaticum* P. B. ; *B. pinnatus*
β. L. — Bois, buissons, pâturages ombragés. — Ligugé ; Croutelle ; forêt de Moulière, etc. — C.

29. BROMUS L.

B. asper L. — Bois montueux, coteaux ombragés. — Saint-Benoît ;
Ligugé ; Croutelle, etc. — C.

B. giganteus L. — Bois ombragés, lieux frais. — Ventray ; Gençay ; La Vergne ; Availles-Limousine ; L'Isle-Jourdain. — AR.

B. erectus Huds. — *B. pratensis* Lamk. — Prés secs, pelouses et
bords des chemins. — CC.

B. secalinus L. — Moissons. champs en friche, prairies artificielles. — Plaisance ; Lathus. — RR.

> s.-var. *velutinus* (*B. velutinus* Schrad.). — R.

B. racemosus L — *B. variabilis* F. Schultz. — Moissons, cham s
en friche, prairies artificielles, bords des chemins. —

> var. *α. genuinus* Coss. et Germ. — *B. racemosus* L.; *B.
> pratensis* Ehrh. — RR.

> var. *β. commutatus* Coss. et Germ. — *B. commutatus* Schrad. ;
> *B. pratensis* Ehrh. -- Poitiers ; Saint-Benoît, etc. — C.

B. mollis L. — Prés. champs. bords des chemins. — CC.

B. arvensis L. — Prairies. bords des chemins, moissons, en friche.
— Les Breuils ; Nouaillé ; Chantelle ; Velort, etc. — AC.

B. sterilis L. — Vieux murs, lieux incultes, champs en friche.—CC.

B. tectorum L. -- Murs, lieux stériles ou sablonneux. — C.

B. rigidus Roth. — *B. Madritensis* DC. — Murs, toits, lieux cultivés. — C.

B. Madritensis L. — *B. diandrus* Curt. — Rochers des coteaux
calcaires. — Poitiers ; Blossac ; La Mérigotte ; Passe-Lourdain,
etc. --- C.

30. GAUDINIA P. B.

G. fragilis P. B. — Prés, lieux herbeux. bords des champs. — Petit-
Château ; Mortier ; Chantelle ; Chiré ; La Guenetière ; Saint
Romain, etc. — AC.

31. LOLIUM L.

L. perenne L.

> var. *α. perenne* Coss. et Germ. — *L. perenne* L. — Prairies.
> pâturages. bords des chemins. — CC.

> s.-var. *tenue* (*L. tenue* L.) — Port Seguin ; bords des champs
> entre Mauvillans et l'Isle-Jourdain ; Montmorillon (Chab.).
> — RR.

> s.-var. *cristatum*. — AR.

> var. *β. Italicum* Coss. et Germ. — *L. Italicum* A. Braun. —
> Prairies, lieux herbeux. Souvent semé comme fourrage.
> — Danleau ; Montmorillon ; Lathus, etc. — C.

> var. *γ. multiflorum* Coss. et Germ. — *L. multiflorum* Lamk.
> — Champs parmi les moissons ou dans les prés. — Saint-
> Paixent ; Plaisance ; Mauvillans ; l'Isle-Jourdain ; Le Vi-
> geant ; Availles ; Pressac. — AR.

L. rigidum Gaudin — *L. strictum* Godr. — Prés secs, champs, vignes. — C.

L. temulentum L. — Moissons, champs, terrains en friche. — C.

var. β. *speciosum.* Coss. et Germ. — *L. speciosum* Koch. ; *L speciosum* Stev. — Plaisance ; Adriers ; Le Vigeant. — R.

*L. linicola Sond. — *L. arvense* Schrad. — Champs cultivés, chenevières, cultures de lin. — Lathus ; Montmorillon ; Lusignan ; Cloué (Letourneux) ; Coussay-les-Bois ; Vouneuil-sur-Vienne (Delacroix). — R.

32. TRITICUM L.

T. sativum Lamk. — *T. vulgare* Vill. — Cultivé en grand.

T. turgidum L. — *T. sativum turgidum* Delisle. — Cultivé en grand.

*T. monococcum L. — Cultivé dans les terrains maigres et assez rarement.

33. AGROPYRUM P. B.

*A. pungens R. et S. — *Triticum pungens* Pers. — Haies, lieux secs, sables. — Bords de la Vienne, de la Creuse à Port-de-Piles ; bassin de Lencloître. — AR.

* A. campestre Gr. et God. — *A. glaucum* Rchb. — Haies, champs, lieux sablonneux. — Bords de la Vienne à Saint-Romain ; aux Ormes ; château de Chauvigny (Delacroix), etc. — AC.

A. repens P. B. — *T. repens* L. — Champs, lieux cultivés, bords des chemins. — CC.

A. caninum R. et S. — *Triticum* Schreb. ; *Elymus caninus* L. — Haies, broussailles, lieux couverts. — Saint-Benoît ; Ligugé ; Vouneuil, etc. — C.

34. ÆGILOPS L.

Æ. triuncialis L. — Coteaux arides, lieux secs incultes. — Butte de Saint-Genest ; près Lencloître. — RR.

* Æ. ovata L — *Triticum ovatum* Gr. et God. — Lieux secs incultes, coteaux arides. — Château de Beaumont (Lloyd). — RR.

35. SECALE L.

S. cereale L. — Cultivé en grand surtout dans les terrains maigres.

36. HORDEUM L.

H. vulgare L. Cultivé en grand, surtout dans les terrains maigres.

H. hexastichum L. — Cultivé en grand.

H. distichum L. Cultivé partout.

H. murinum L. — Lieux incultes, bords des chemins et des murs. — CC.

H. secalinum Schreb. — *H. pratense* Huds. — Prairies, pâturages, lieux herbeux. — Saint-Benoît ; Smarves ; Croutelle, etc. — AC.

H. maritimum With. — Assez répandu autour de Poitiers et de Châtellerault depuis la guerre ; tend à disparaître.

37. NARDUS L.

N. stricta L. — Prés et landes marécageuses. — Petit-Genest ; Thiours ; Clairvaux ; landes des environs de Montmorillon ; Plaisance ; Adriers ; étang de Coulombiers , etc. — AC.

38. MILIUM L.

M. effusum L. — Bois montueux , coteaux ombragés. — L'Ermitage ; Ligugé ; Croutelle, etc. — C.

* **M. scabrum** Rich. — Lieux sablonneux. — Vieux Poitiers. (Contejean. — RR.

39. PHALARIS L.

P. arundinacea L. — *P. aspera* Bon. ; *Calamagrostis colorata.* — Bords des eaux, prés humides. — C.

40. CYNODON Rich.

C. Dactylon Rich. — Champs sablonneux, berges des rivières. — CC.

41. DIGITARIA Scop.

D. san guinalis Scop. — *Panicum sanguinale* L. — Lieux cultivés ou incultes, vignes, bords des chemins. — C.

C. filiformis Kœler. — *Panicum glabrum* Gaud. ; *Digitaria glabra* Rœm. et Schult. — Lieux sablonneux, alluvions. — Dissais ; Châtellerault ; Lencloître ; Loudun. — AR.

42. PANICUM L.

P. Crus-Galli L. — Bords des eaux, cultures marécageuses. — La Cagouillère ; Flée ; Vouneuil-sous-Biard, etc. — AC.

P. miliaceum. — Cultivé aux environs de Lencloître.

43. SETARIA P. B.

S. verticillata P. B. — *Panicum verticillatum* L. — Lieux cultivés, vignes. — C.

S. viridis P. B. — *Panicum viride* L. — Champs, vignes , jardins. — CC.

S. glauca P. B. — *Panicum glaucum* L. — Champs sablonneux. — Châtellerault ; Lencloître ; Bournand. — AR.

S. Italica P. B. — *Panicum Italicum* L. — Cultivé.

44. MELICA L.

M. ciliata L.

> var. *α. vulgaris* Coss. et Germ. — *M. ciliata* Sibth. ; *M. ciliata* et *Magnolii* Gr. et God. — Coteaux arides, murs. — Thouars, sur nos limites. — RR.

> var. *β. Nebrodensis* Coss. et Germ. — *M. Nebrodensis* Parlat. — Coteaux et rochers calcaires. — La Mérigotte ; Le Porteau ; Passe-Lourdain ; Quinçay ; Lussac, etc. — C.

M. uniflora Retz. — Bois montueux couverts. — L'Ermitage, Ligugé ; Croutelle ; Vouneuil-sous--Biard, etc. — C.

45. SORGHUM Pers.

S. vulgare Pers. — *Holcus sorghum* L. — Rarement cultivé. — Lencloître ; Loudun.

46. ANDROPOGON L.

A. Ischæmum L. — Coteaux et pelouses arides. — Le Porteau ; Sainte-Barbe près Saint-Benoît ; forêt de Moulière ; de Châtellerault ; Verrières, etc. — AC.

47. ZEA L.

Z. Mays L. — Cultivé en plein champ et dans les jardins potagers.

ACOTYLÉDONES VASCULAIRES

FOUGÈRES.

Trib. I. *POLYPODINEÆ.*

1. CETERACH. C. Bauh.

*****C. officinarum** C. Bauh. — *Asplenium Ceterach* L. — Vieux murs, rochers humides. — CC.

2. POLYPODIUM L.

*****P. vulgare** L.—Vieux murs, rochers, troncs des vieux arbres.—CC.
> s.-var. *serratum.* — AR.

***P. Dryopteris** L.

> var. *α. Dryopteris* Coss. et Germ. — *J. Dryopteris* Hoffm. — N'a pas été trouvé dans le département.

* var. β. *calcareum* Gr. et God. — *P. calcareum* Sm. ; *P. Robertianum* Hoffm. — Vieux murs, rochers calcaires. — Poitiers !. — RR.

3. PTERIS L.

***P. aquilina** L. — Lieux stériles, bois, haies, champs sablonneux. — CC.

4. ADIANTUM L.

***A. Capilus-Veneris** L. — Grottes humides, puits, fontaines. — Passe-Lourdain ; rochers des Cinq-Morts près Bonneuil-Matours ; Puits du château de Cremeau ; Fontaine des Roches ; Montmorillon ; Tunelle des Bachers ; Grottes calcaires au-dessus de Baptéresse commune de Château-Larcher (Guitteau). — R.

5. BLECHNUM L.

***B. Spicant** Roth. — *Osmunda Spicant* L. — Lieux humides des bois montueux, prairies tourbeuses ombragées. — L'Age-Gassin près Montmorillon ; Chaussée du petit étang du Riz-Chauveron. — RR.

6. SCOLOPENDRIUM Sm.

***S. officinale** Sm. — *Asplenium Scolopendrium* L.-*S. officinarum* Sw. — Vieilles murailles, puits, rochers humides, bois couverts. — Pont-Achard ; Bois sur la rive droite de La Boivre au-dessus du moulin de Biard, etc. — C.

7. ASPLENIUM L.

***A. septentrionale** Sw. — *Acrostichum septentrionale* L. — Fentes des rochers. — Rochers granitiques de Ligugé ; Adriers ; l'Isle-Jourdain ; Lathus (Chab.). — RR.

***A. Germanicum** Weiss. — *A. Breynii* Retz. — Rochers granitique de Ligugé (Contejean). — RR.

***A. Ruta-Muraria** L. — Rochers, vieux murs. — C.

***A. Trichomanes** L. — Murs humides, puits, fentes des rochers ombragés. — CC.

***A. Adiantum-nigrum** L. — Vieux murs, haies, fentes des rocher, bois humides, chemins creux. — Ligugé ; Lusignan, etc. — C.

***A. lanceolatum** Huds. — Rochers granitiques. Ligugé, (Contejean) ; Lathus, et toute la région granitique. -- AR.

***A. Filix-feminea** Bernh. — *Polypodium Filix-feminea* L. ; *Aspidium Filix-feminea* Sw. ; *Athyrium Filix-feminea* Roth. — Lieux humides, buissons ombragés, surtout dans les terrains sablonneux ou granitiques. — Lathus, La Chaize près Saint-Remy, etc. — AC.

7. CYSTOPTERIS Bernh.

*C. fragilis Bernh. — *Polypodium fragile* L. ; *Aspidium fragile.* ; *Cyathea fragilis* Sm. — Rochers humides, lieux ombragés, vieux murs. — Dans un puits à l'Age-Courbe près Lathus (Chaboisseau) ; château du Fou. — RR.

8. NEPHRODIUM Rich.

N*. Thelypteris Stremp. — *Achrostichum Thelypteris* L. ; *Polypodinm Thelypteris* L. ; *Polystichum Thelypteris* Roth. ; *Aspidium Thelypteris* Sw. — Prairies tourbeuses, bords des eaux. — Le Clain ; La Boivre ; Vaux-en-Couhé ; Gençay ; Vivône. — AR.

N*. Filix-mas Stremp. — *Polypodinm Filix-mas* L. ; *Aspidium Filix-mas* Sw. ; *Polytischum Filix-mas* Roth. — Ligugé ; Iteuil ; Vallée du Poiré, etc. — C.

*N. spinulosum Stremp. — *Polypodium spinulosum* Retz. ; *Aspidium spinulosum* Sw. ; *Polystichum spinulosum* DC. — Bois humides, coteaux ombragés. — Lathus ; Étang du Riz-Chauveron ; Chiré ; La Grenetière ; Vouneuil-sous-Biard ! ; bord de La Blourde.—R.
var. *β. dilatatum* Coss. et Germ. — *Polypodium dilatatum* Hoffm ; *Aspidlum dilatatum* Willd. — Région granitique ; La Blourde ; Sanxais ; Chiré ; Garenne de la Guenetière. — AR.

9. ASPIDIUM Sw.

*A. aculeatum Sw. — *Polypodium aculeatum* L. ; *Polystichum aculeatum* Sw. — Buissons ombragés, rochers, bois humides, coteaux boisés. — RR.

  *var. *α. aculeatum* Coss. et Germ. — *Polypodium lobatum* Huds.; *A. lobatum* Sw. ; *Polystichum lobatum* Presl. — Ravins de Millebois près Bonneuil-Matours.

  *var. *β. angulare* Coss. et Germ. — *A. aculeatum* Sm. ; *A. angulare* et *aculeatum* Willd. — Parc de Lusignan ; Grand Cormy près Vaux ; Saulgé ; L'Isle-Jourdain ; Pindray ; forêt de La Guerche ; Larnay. — AR.

Trib. II. *OSMUNDINEÆ*.

10. OSMUNDA L.

*O. regalis L. — Bois marécageux tourbières, bords des eaux. — La Gartempe près Lathus et Saulgé ; l'Isle-Jourdain La Vienne à Gouex ! ; La Grande-Blourde !. — R.

Trib. III. *OPHIOGLOSSINEÆ*.

11 OPHIOGLOSSUM L.

*O. vulgatum L. — Prairies humides. — Saint-Benoît ; La Varenne , Moulìmes ; Bois de La Barre près Saint-Romain ; Prés de La Loge près Montmorillon, etc. — AC.

MARSILEACÉES.

1. MARSILEA L.

***M. quadrifolia** L. — Bords des étangs. — Etang de La Puye (Delacroix). — RR.

2. PILULARIA L.

***P. globulifera** L. — Lieux inondés, bords des étangs. — Etang du Deffend! ; Coulombiers! ; Montmorillon ; Etang Berlan ; forêt du Rond ; Lathus. — AR.

ISOETÉES.

1. ISOETES L.

***I. tenuissima** Bor. — Submergé dans les étangs. — Etang du Riz-Chauveron près Lathus (Chaboisseau). — RR.

***I. Hystrix** Durieu. — Pelouses humides des rochers d'Enfer sur les bords de la Gartempe commune de Lathus (Deloynes). — RR.

EQUISÉTACÉES.

1. EQUISETUM L.

***E. arvense** L. — Champs humides, berge des rivières. — Cheneché ; Vendeuvre ; Montmorillon, etc. — C.

***E. Telmateia** Ehrh. — *E. fluviatalis* Sm. ; *E. eburneum* Roth. — Fossés humides, lieux fangeux ou arrosés. — Bonneuil-Matours ; Antran ; La Chaize près Saint-Remy-sur-Creuse ; Pindray ; Saint-Romain ; Vivône. — R.

***E. palustre** L. — Champs humides, lieux marécageux, bords des eaux. — Saint-Remy ; Vaux, etc. — AC.

***E. limosum** L. — Lieux marécageux, fossés, étangs. — C.

***E. hyemale** L. — Bois humides, lieux froids et fangeux. — Marais de Saint-Cassien près Loudun ; Les Forges près Loudun. — RR.

***E. variegatum** Schleich, — Lieux sablonneux. — Vallée de La Vienne près Chitré. — RR.

CHARACÉES.

1. CHARA L.

***C. hispida** L. — Eaux paisibles.

> ***var. α.** *hispida* Coss. et Germ. — *C. hispida* A. Br. — Pont-Achard ; Marais de l'Envigne ; fontaine du Château de Mariville près Bonneuil-Matours, etc. — C.

> ***var. β.** *Pseudo-crinita* Coss. et Germ. — *C. pedunculata* Kütz. ; *C. polyacantha.* — Ruisseaux d'Envaux près Lussac (Chab.). — RR.

***C. fœtida** α Br. — *C. vulgaris* L. — Eaux stagnantes, mares, fossés aquatiques, bords des étangs. — Poitiers ; Vivône ; Pindray ; Etang-Berlan, etc. — C.

* **C. fragifera** Durieu. — Etangs sablonneux peu profonds. — Pin-dray (Chab.). — AR.

* **C. fragilis** Desv. — *C. vulgaris* L. — Eaux paisibles, fossés aqua-tiques ; bords des étangs. — La Grande Blourde ; Lathus ; Saint-Romain, etc. — C.

> s.-var. *capillacea* Coss. et Germ. *C. capillacea* Thuill. — Etang de La Borde.

* **C. Braunii** Gmel. — *C. coronata* Liz. — Eaux stagnantes. — Etang du Riz-Chauvron (Chab.). — RR.

3. NITELLA Agardh.

Sect. 1. *CAUDATÆ*.

* **N. glomerata** Kütz. — *Chara glomerata* Desv. — Mares, étangs, eaux stagnantes. — La Tour d'Oyré ; La Guérinière, près Lou-dun. — RR.

Sect. II. *FURCATÆ*.

* **N. syncarpa** Cheval. — *Chara syncarpa* Thuill. ; *N. syncarpa* var. *α. laxa longifolia* Kütz. — Eaux stagnantes, fossés aqua-tiques, mares des bois, étangs. — Saint-Benoît ; Montmorillon, Vendeuvre. — AR.

* **N. capitata** Agardh. — *Chara capitata* Nees. — Eaux stagnantes. — Environs de Lathus (Chab.). — RR.

* **N. opaca** Agardh. — *Chara flexilis* Sm. ; *Chara syncarpa* Rchb. — Fossés des marais tourbeux, mares des bois, ruisseaux à cou-rant peu rapide. — Environs de Lathus. — R.

* **N. translucens** Agardh. — *Chara translucens* Pers. ; *Chara flexilis* Thuill. — Eaux stagnantes, mares et étangs à fonds sablon-neux. — Nouaillé ; Saint-Nicolas à Montmorillon (Delacroix) ; Lathus (Chab.). — AR.

* **N. flexilis** Agardh. — *N. Brongniartiana* Coss. et Germ. — Fossés des marais tourbeux, ruisseaux à courant peu rapide et à fond sablonneux, mares, étangs. — Fontaine Lavoir à Chauvigny ; Gouex ; Riz-Chauvron (Chab.). — R.

* **N. mucronata** Kütz. — Eaux stagnantes, rivières à courant peu rapide. — Lathus, étang de Gaulerie (Chab.). — R.

> var. *α. mucronata* Coss. et Germ. — *N. mucronata.* var. *flabellata* fl. Paris, ed. 1.

> * var. *β. heteromorpha* Coss. et Germ. — *Chara mucronata* var. *heteromorpha* A. Br. — Poitiers (Delacroix).

* **N. gracilis** Agardh. — *Chara gracilis* Sm. — Eaux stagnantes, mares et fossés à fond sablonneux. — Lathus, étang de Gaulerie ; étang de Lenet (Chab.). Petit étang du Riz-Chauvron. — R.

* **N. tenuissima** Kütz. — *Chara tenuissima* Desv. — Eaux limpides des marais tourbeux. — Lathus ; Chauvron. (Chab.) ; Saint-Benoît ; Villiers ; fossés ; prairies entre Saint-Romain et Saint-Denis-en-Vaux. — R.

TABLE.

POITIERS. — IMPRIMERIE DE HENRI OUDIN.